输变电工程质量典型图集100例

国网北京市电力公司电力建设工程咨询分公司
北京吉北电力工程咨询有限公司 编

中国质量标准出版传媒有限公司
中国标准出版社

北京

图书在版编目（CIP）数据

输变电工程质量典型图集100例 / 国网北京市电力公司电力建设工程咨询分公司编．—北京：中国质量标准出版传媒有限公司，2020.11

ISBN 978-7-5026-4796-4

Ⅰ.①输… Ⅱ.①国… Ⅲ.①输电—电力工程—工程质量—图集 ②变电所—电力工程—工程质量—图集 Ⅳ.①TM7-64 ②TM63-64

中国版本图书馆CIP数据核字（2020）第132215号

中国质量标准出版传媒有限公司
中　国　标　准　出　版　社 出版发行

北京市朝阳区和平里西街甲2号（100029）

北京市西城区三里河北街16号（100045）

网址：www.spc.net.cn

总编室：（010）68533533　发行中心：（010）51780238

读者服务部：（010）68523946

中国标准出版社秦皇岛印刷厂印刷

各地新华书店经销

*

开本 880×1230　1/16　印张 7.75　字数 97 千字

2020年11月第一版　2020年11月第一次印刷

*

定价：60.00元

前 言

随着国家电网有限公司对输变电工程质量管控要求的逐步提高，国网北京市电力公司对输变电工程实体质量要求不断提升。为进一步强化输变电工程实体质量，有效落实质量管理责任，规避质量通病的发生，提升参建单位管理水平，我单位组织编制了《输变电工程质量典型图集100例》(以下简称《图集》)。本《图集》针对北京地区输变电工程施工中存在的常见质量问题，系统梳理、归纳出100个典型案例，以求通过施工实例加以说明，供电力工程管理人员参考。

本《图集》分为土建专业、变电专业、线路专业、沟道专业、电缆专业，共5章100项常见的质量问题，其中，土建专业30项，变电专业25项，线路专业27项，沟道专业12项，电缆专业6项。

本《图集》展示的问题为现场常见质量问题，由于水平有限，可能会有典型问题未涉及，希望大家在使用过程中提出宝贵意见和建议，便于今后修订时借鉴。

编制说明

为规范开展输变电工程质量通病防治工作，有效落实国家电网有限公司“八个抓实”质量管控重点措施，加强工程现场质量管理力度，推动质量管控责任有效落实、质量通病有效治理、质量工艺水平稳步提升，结合施工过程中的常见质量问题，我单位特组织编制《输变电工程质量典型图集100例》。

本《图集》涵盖输变电工程涉及的土建、变电、线路、沟道、电缆专业存在的常见质量问题，每项问题通过图文并茂的形式进行展示，突出了国家、行业和企业标准要求，可以有效规避输变电工程常见质量问题的发生。

编者

2020年11月

编制依据

1. GB 4053—2009 固定式钢梯及平台安全要求
2. GB 50108—2008 地下工程防水技术规范
3. GB 50148—2010 电力变压器、油浸电抗器、互感器施工及验收规范
4. GB 50166—2007 火灾自动报警系统施工及验收规范
5. GB 50169—2016 电气装置安装工程接地装置施工及验收规范
6. GB 50172—2012 电气装置安装工程蓄电池施工及验收规范
7. GB 50203—2011 砌体结构工程施工质量验收规范
8. GB 50204—2015 混凝土结构工程施工质量验收规范
9. GB 50205—2001 钢结构工程施工质量验收规范
10. GB 50207—2012 屋面工程质量验收规范
11. GB 50208—2011 地下防水工程质量验收规范
12. GB 50210—2018 建筑装饰装修工程质量验收标准
13. GB 50233—2014 110 kV ~ 750 kV 架空输电线路施工及验收规范
14. GB 50242—2002 建筑给水排水及采暖工程施工质量验收规范
15. GB/T 50299—2018 地下铁道工程施工质量验收标准
16. GB 50300—2013 建筑工程施工质量验收统一标准
17. GB 50303—2015 建筑电气工程施工质量验收规范
18. GB 50666—2011 混凝土结构工程施工规范
19. GB 50877—2014 防火卷帘、防火门、防火窗施工及验收规范
20. GB 51004—2015 建筑地基基础工程施工规范

21. DB11/T 1071—2014 排水管（渠）工程施工质量检验标准

22. DL/T 1378—2014 光纤复合架空地线（OPGW）防雷接地技术导则

23. DL/T 5168—2016 110 kV ~ 750 kV 架空输电线路施工质量检验及评定规程

24. DL/T 5285—2018 输变电工程架空导线“800 mm^2 以下”及地线液压压接工艺规程

25. DL/T 5738—2016 电力建设工程变形缝施工技术规范

26. DL/T 5740—2016 智能变电站施工技术规范

27. JGJ 46—2005 施工现场临时用电安全技术规范

28. JGJ 107—2010 钢筋剥肋滚压直螺纹连接技术规程

29. JGJ/T 427—2018 建筑装饰装修工程成品保护技术标准

30. 16G101-1）混凝土结构施工图平面整体表示方法制图规则和构造详图（现浇混凝土框架、剪力墙、梁、板）

31.《国家电网公司十八项电网重大反事故措施（2018 年版）》

32.《国家电网有限公司输变电工程质量通病防治手册（2019 年版）》

33.《国家电网公司输变电工程标准工艺（三）工艺标准库（2016 年版）》

34.《国家电网有限公司关于进一步加强输变电工程质量管控重点举措的通知》（国家电网基建〔2018〕1104 号）

35.《国家电网有限公司基建质量管理规定》[国网（基建 /2）112-2019]

36.《国家电网有限公司输变电工程验收管理办法》[国网（基建 /3）188-2019]

37.《国家电网公司输变电工程达标投产考核及优质工程评选管理办法》[国网（基建 /3）182-2019]

38.《国家电网公司变电站工程主要电气设备安装质量工艺关键环节管控记录卡》

39.《国家电网公司变电验收通用管理规定》

40.《国网基建部关于加强输电线路工程地脚螺栓管控的通知》（基建安质〔2017〕57 号）

41.《国网北京市电力公司关于开展 2019 年标准工艺竞赛活动的通知》（京电建设〔2019〕68 号）

编委会

目 录

第一章

土建专业

<table>
<tr><th>序号</th><th>标准内容及图例</th><th colspan="2">典型质量问题图例</th></tr>
<tr><td rowspan="2">1</td><td rowspan="2"> 钢筋端部应采用带锯、砂轮锯或带圆弧形刀片的专用钢筋切断机切平；检验合格的丝头应加以保护，加带保护帽或用套筒拧紧，按规格分类堆放整齐。
依据：JGJ 107—2016《钢筋剥肋滚压直螺纹连接技术规程》</td><td> 钢筋直螺纹接头无防护</td><td> 钢筋直螺纹接头防护措施不全</td></tr>
<tr><td> 钢筋直螺纹丝扣端头不平整</td><td> 钢筋直螺纹丝扣端头锈蚀、不平整</td></tr>
</table>

序号	标准内容及图例	典型质量问题图例	
2	 拧紧后的钢筋直螺纹接头应做出标记，允许完整丝扣外露为 1 ~ 2 扣。 依据：JGJ 107—2010《钢筋剥肋滚压直螺纹连接技术规程》	 直螺纹接头露丝过长	 直螺纹接头露丝过长
		 直螺纹接头露丝过长	 直螺纹接头露丝过长

序号	标准内容及图例	典型质量问题图例	
3	 剪力墙和楼板孔洞、预埋套管应按照混凝土结构施工图平面整体表示方法制图规则和构造详图（现浇混凝土框架、剪力墙、梁、板）或设计图纸要求设置加强构造钢筋。 依据：16G101-1《混凝土结构施工图平面整体表示方法制图规则和构造详图（现浇混凝土框架、剪力墙、梁、板）》	 套管未设置附加筋	 孔洞未设置附加筋
		 套管未设置附加筋	 套管附加筋长度不满足要求

序号	标准内容及图例	典型质量问题图例	
4	 钢筋应安装牢固，受力钢筋的牌号、规格和数量必须符合设计要求，钢筋安装偏差应符合规范要求。 依据：GB 50204—2015《混凝土结构工程施工质量验收规范》	 钢筋位移	 钢筋位移
		 钢筋位移，蹬踏弯不满足 1/6 要求	 钢筋位移

序号	标准内容及图例	典型质量问题图例	
5	模板的接缝应严密，模板内不应有杂物、积水或冰雪等，与混凝土的接触面应平整、清洁。 依据：GB 50204—2015《混凝土结构工程施工质量验收规范》	 模板拼缝不严密	 模板拉结不紧固，混凝土错台、孔洞
		 模板底部封堵不严密	 模板内杂物清理不彻底

<table>
<tr><th>序号</th><th>标准内容及图例</th><th colspan="2">典型质量问题图例</th></tr>
<tr><td rowspan="2">6</td><td rowspan="2"> 现浇混凝土结构外观不得出现露筋、蜂窝、麻面、孔洞、夹渣等质量缺陷。
依据：GB 50204—2015《混凝土结构工程施工质量验收规范》</td><td> 混凝土振捣不密实，露筋</td><td> 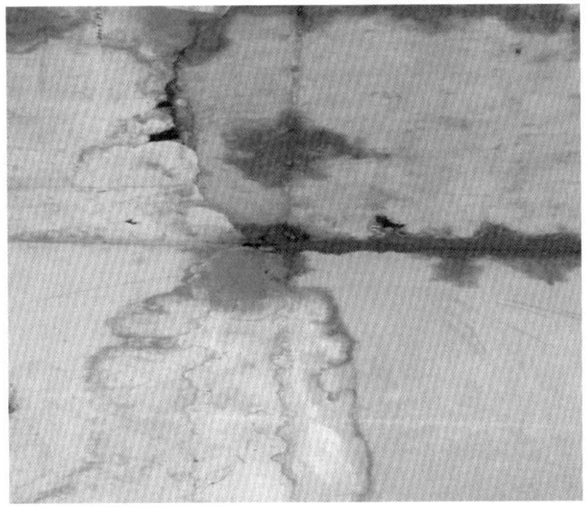混凝土浇筑作业不连续，形成冷缝</td></tr>
<tr><td> 混凝土振捣不密实，出现蜂窝孔洞</td><td> 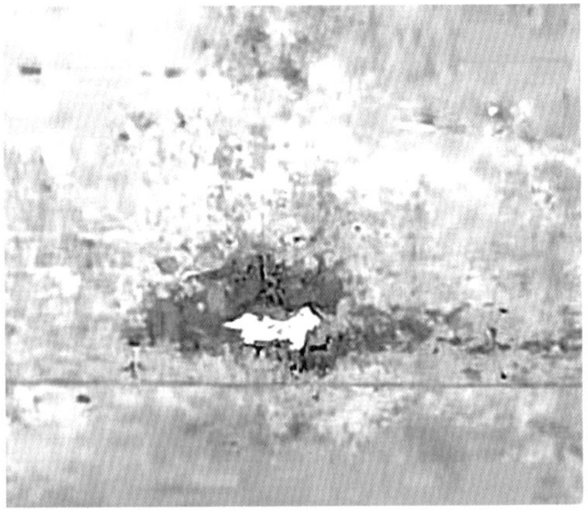混凝土浇筑前清理不彻底，夹渣</td></tr>
</table>

序号	标准内容及图例	典型质量问题图例	
7	 上下层模板支架的立杆应对准，模板及支架钢管等应分散堆放。当混凝土强度达到设计要求时，跨度小于等于 2m，强度应达到设计强度的 50%；跨度大于 2m 小于等于 8m，强度应达到设计强度的 75%；跨度大于 8m，强度应达到设计强度的 100%，方可拆除底模和支架。混凝土强度达到 $1.2N/mm^2$ 前，不得在其上踩踏、堆放荷载、安装模板及支架。 依据：GB 50666—2011《混凝土结构工程施工规范》	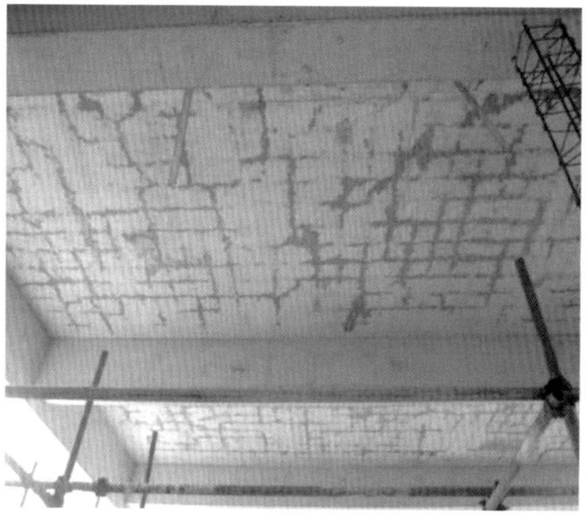 混凝土板裂缝 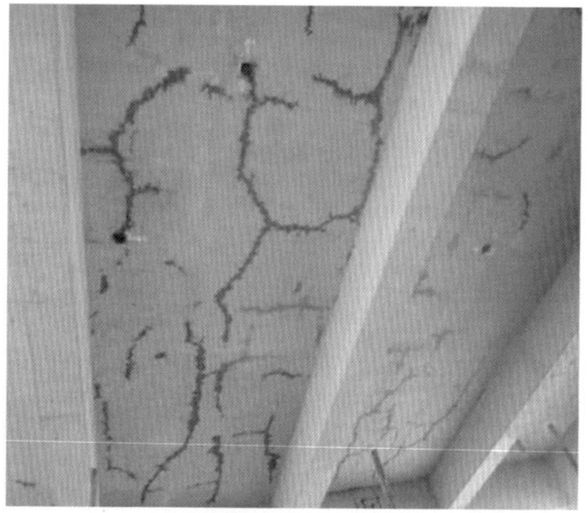 混凝土板裂缝	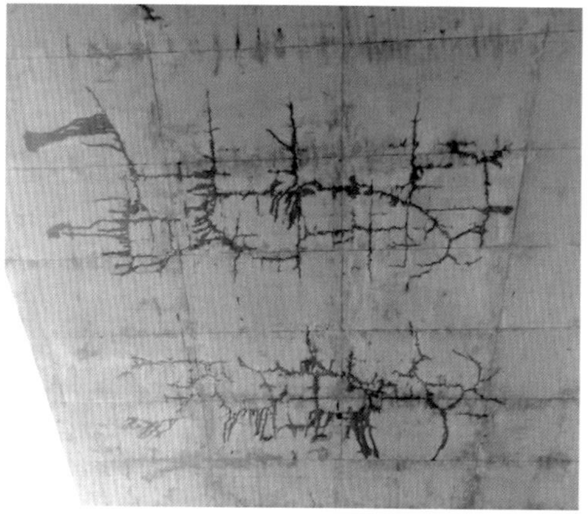 混凝土板裂缝 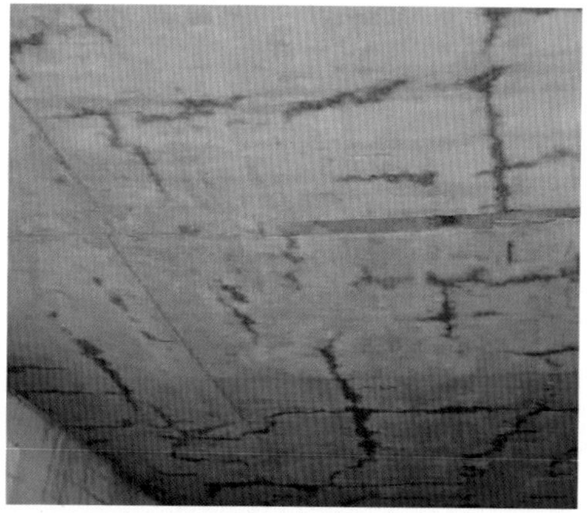 混凝土板裂缝

<table>
<tr><th>序号</th><th>标准内容及图例</th><th colspan="2">典型质量问题图例</th></tr>
<tr><td rowspan="2">8</td><td rowspan="2">
预埋件严禁有空鼓现象。为防止预埋件下空鼓，预埋件钢板必须按要求设置排气孔，埋件与混凝土结合部留置 2mm ~ 4mm 宽的变形缝，深度与埋件厚度一致，并采用耐候硅酮胶封闭。
依据：《国家电网公司输变电工程标准工艺（三）工艺标准库（2016 年版）》</td><td>
预埋件周边未设变形缝</td><td>
预埋件周边未设变形缝</td></tr>
<tr><td>
预埋件周边未设变形缝</td><td>
预埋件钢板未按要求设置排气孔</td></tr>
</table>

<table>
<tr><th>序号</th><th>标准内容及图例</th><th colspan="2">典型质量问题图例</th></tr>
<tr><td rowspan="2">9</td><td rowspan="2"> 预制构件的外观质量不应有严重缺陷和一般缺陷，且不应有影响结构性能和安装、使用功能的尺寸偏差。
依据：GB 50204—2015《混凝土结构工程施工质量验收规范》</td><td> 预制构件修补、开裂 </td><td>预制构件边角错台 </td></tr>
<tr><td>预制构件破损、开裂 </td><td>预制管材破损</td></tr>
</table>

<table>
<tr><th>序号</th><th>标准内容及图例</th><th colspan="2">典型质量问题图例</th></tr>
<tr><td rowspan="2">10</td><td rowspan="2">
屋面泛水高度≥250mm，泛水、雨水口、出屋面预埋管等细部泛水封闭严密；卷材防水的搭接缝应粘贴或焊接牢固，密封严密，不得有扭曲、褶皱、翘边和起泡等缺陷；卷材长边搭接长度≥100mm，短边搭接长度≥150mm；采用两层以上防水时，严禁垂直粘贴；平行于屋脊的搭接缝，应顺水流方向搭接，搭接缝应错开，不得留在天沟或檐沟底部。
依据：《国家电网公司输变电工程标准工艺（三）工艺标准库（2016年版）》、GB 50208—2011《地下防水工程质量验收规范》、GB 50207—2012《屋面工程质量验收规范》</td><td>
卷材防水搭接不严密</td><td>
卷材搭接扭曲、褶皱</td></tr>
<tr><td>
卷材搭接扭曲、褶皱，焊接不牢</td><td>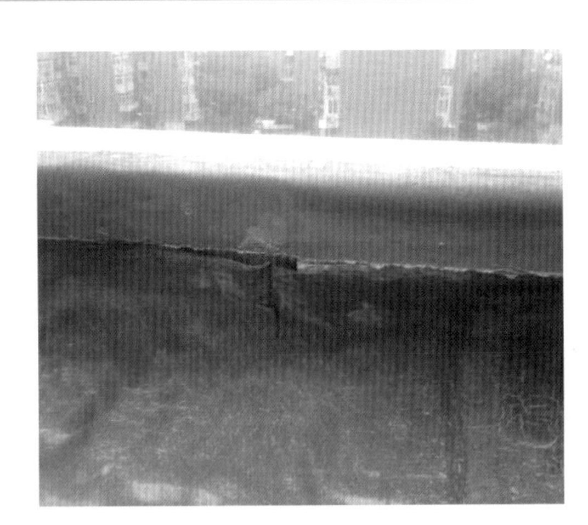
女儿墙下部防水处理不到位，开裂</td></tr>
</table>

<table>
<tr><th>序号</th><th>标准内容及图例</th><th colspan="2">典型质量问题图例</th></tr>
<tr><td rowspan="2">11</td><td rowspan="2">  二次结构砌筑连接受力钢筋的拉结筋应在两端做成弯钩；与构造柱相邻部位应砌成马牙槎。钢筋数量及伸入墙内长度应满足设计要求。
依据：GB 50203—2011《砌体结构工程施工质量验收规范》</td><td> 边柱未与梁进行锚固</td><td> 二次结构圈梁钢筋锚固长度不足</td></tr>
<tr><td> 构造柱混凝土振捣不密实</td><td> 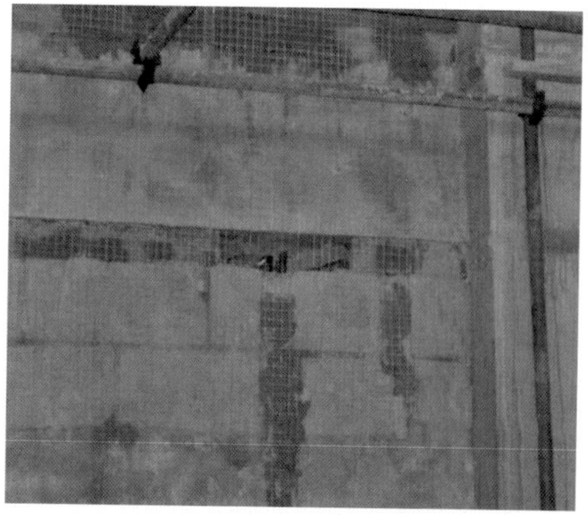二次结构顶部斜砌砖不严密</td></tr>
</table>

<table>
<tr><th>序号</th><th>标准内容及图例</th><th colspan="2">典型质量问题图例</th></tr>
<tr><td rowspan="2">12</td><td rowspan="2">
接地线、接地极采用电弧焊时其搭接长度应符合：扁钢为宽度的2倍且不得少于3个棱边焊接或为圆钢直径的6倍；垂直接地体宜采用角钢、钢管、光面圆钢，不得采用螺纹钢。
依据：GB 50169—2016《电气装置安装工程接地装置施工及验收规范》、JGJ 46—2005《施工现场临时用电安全技术规范》</td><td>
接地扁铁搭接长度不满足规范要求</td><td>
预留扁铁长度、搭接长度不满足规范要求</td></tr>
<tr><td>
接地扁铁搭接长度不满足规范要求</td><td>
接地搭接线使用螺纹钢</td></tr>
</table>

序号	标准内容及图例	典型质量问题图例	
13	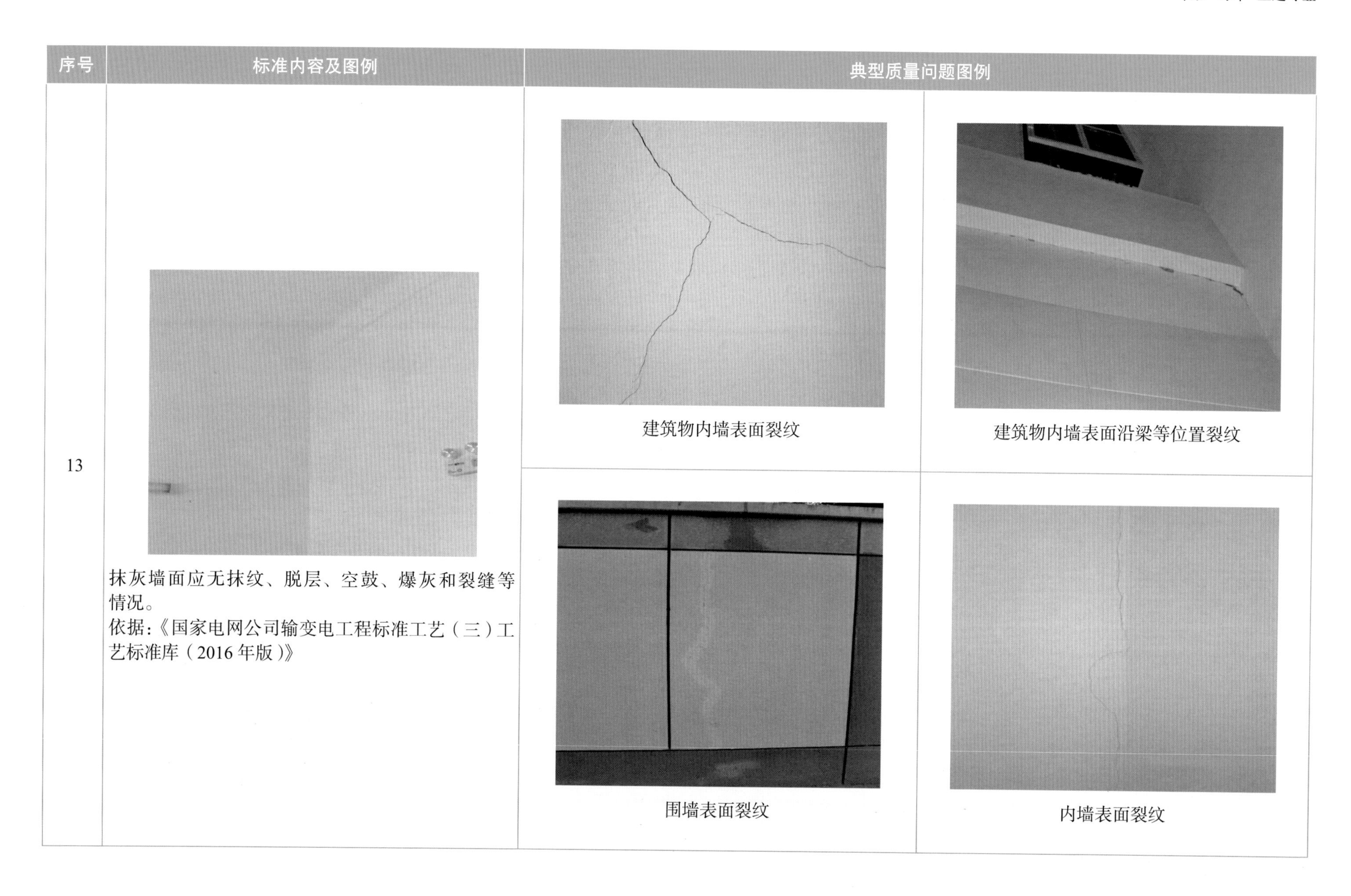 抹灰墙面应无抹纹、脱层、空鼓、爆灰和裂缝等情况。 依据:《国家电网公司输变电工程标准工艺(三)工艺标准库(2016年版)》	建筑物内墙表面裂纹	建筑物内墙表面沿梁等位置裂纹
		围墙表面裂纹	内墙表面裂纹

<table>
<tr><th>序号</th><th>标准内容及图例</th><th colspan="2">典型质量问题图例</th></tr>
<tr><td rowspan="2">14</td><td rowspan="2"> 变电站设备间（主变间、组合电器室、电容器室、电抗器室、开关室、所内和接地变室、380V低压室、电池室等）应采用自流平地面，设置瓷砖踢脚板；地面孔洞防火封堵位置不应涂刷自流平。
依据：《国网北京市电力公司关于开展2019年标准工艺竞赛活动的通知》（京电建设〔2019〕68号）</td><td> 设备间自流平地面爆裂 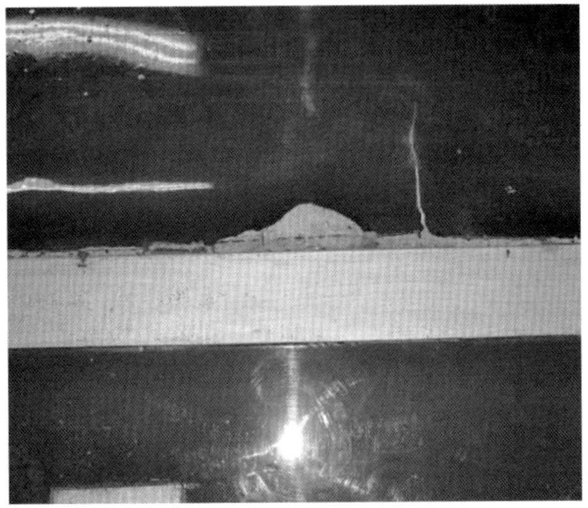</td><td>设备间自流平地面爆裂 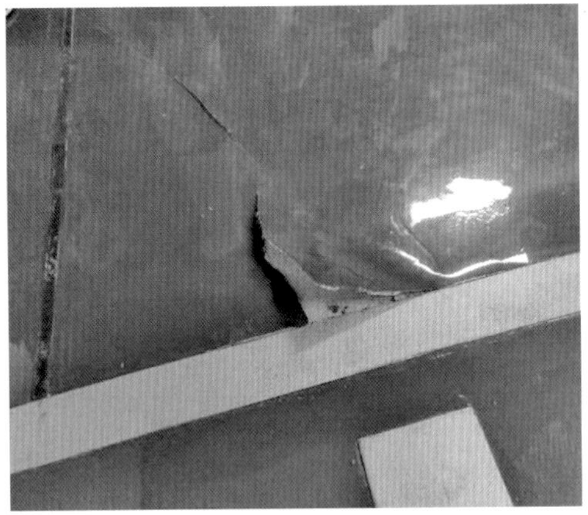</td></tr>
<tr><td>设备间自流平地面爆裂 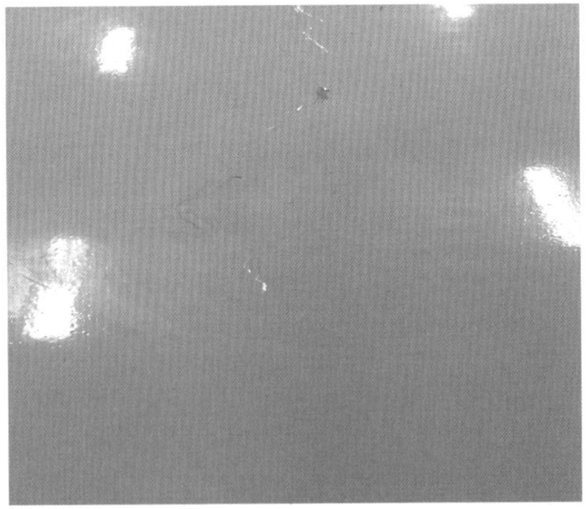</td><td>设备间自流平地面裂纹</td></tr>
</table>

序号	标准内容及图例	典型质量问题图例	
15	蓄电池室应采用防爆型灯具、通风电机，室内照明线应采用穿管暗敷，室内不得装设开关和插座。 依据：GB 50172—2012《电气装置安装工程蓄电池施工及验收规范》	 变电站蓄电池室设置插座	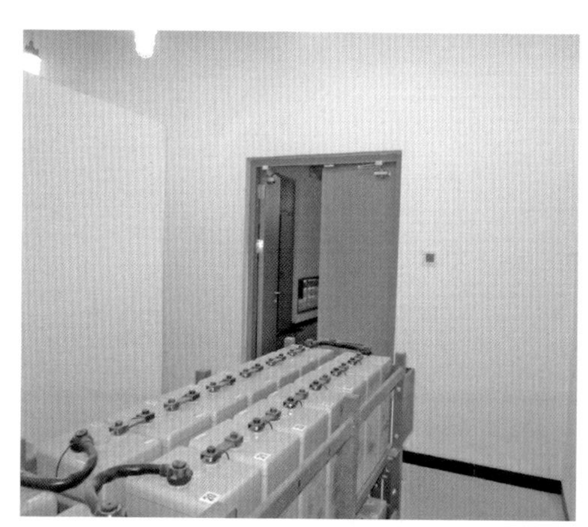 变电站蓄电池室设置开关
		 变电站蓄电池室设置插座	 变电站蓄电池室设置插座

<table>
<tr><th>序号</th><th>标准内容及图例</th><th colspan="2">典型质量问题图例</th></tr>
<tr><td rowspan="2">16</td><td rowspan="2">

常闭防火门应安装闭门器等，双扇和多扇防火门应安装顺序器。
依据：GB 50877—2014《防火卷帘、防火门、防火窗施工及验收规范》</td><td>
防火门没有安装闭门顺序器</td><td>
防火门没有安装闭门顺序器</td></tr>
<tr><td>
防火门没有安装闭门顺序器</td><td>
防火门没有安装闭门顺序器</td></tr>
</table>

序号	标准内容及图例	典型质量问题图例	
17	卫生器具排水管应设存水弯；连接卫生器具的排水管道接口应紧密不漏，固定支架、管卡应牢固。 依据：《国家电网公司输变电工程标准工艺（三）工艺标准库（2016 年版）》、GB 50242—2002《建筑给水排水及采暖工程施工质量验收规范》	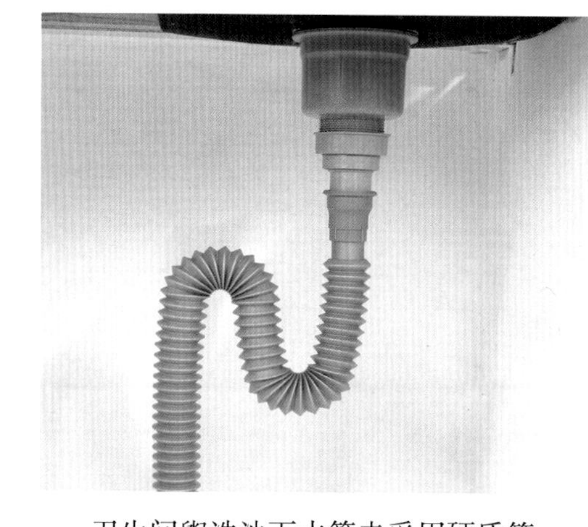 卫生间盥洗池下水管未采用硬质管	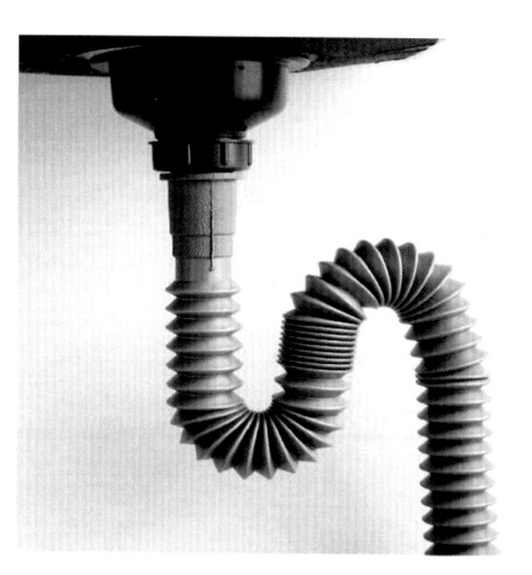 卫生间盥洗池下水管未采用硬质管
		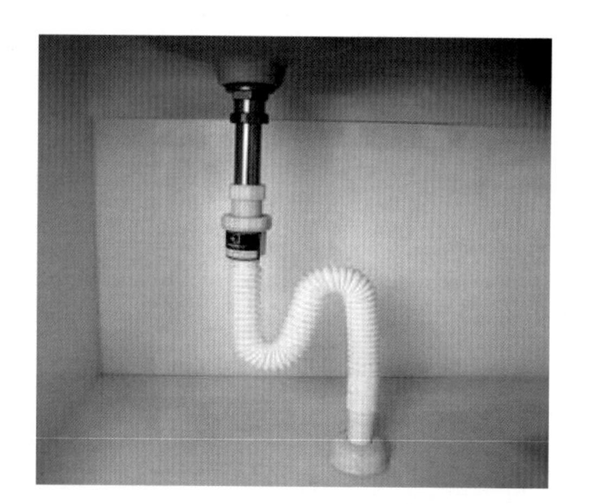 卫生间盥洗池下水管未采用硬质管	 卫生间盥洗池下水管缺存水弯

序号	标准内容及图例	典型质量问题图例	
18	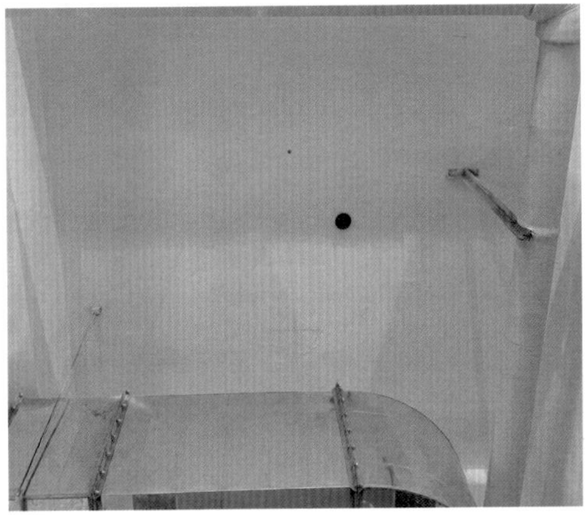 探测器距离墙壁、梁边的水平距离不应小于0.5m。依据：GB 50166—2007《火灾自动报警系统施工及验收规范》	 感烟探测器安装位置至梁边的水平距离不规范，风道遮挡烟感器	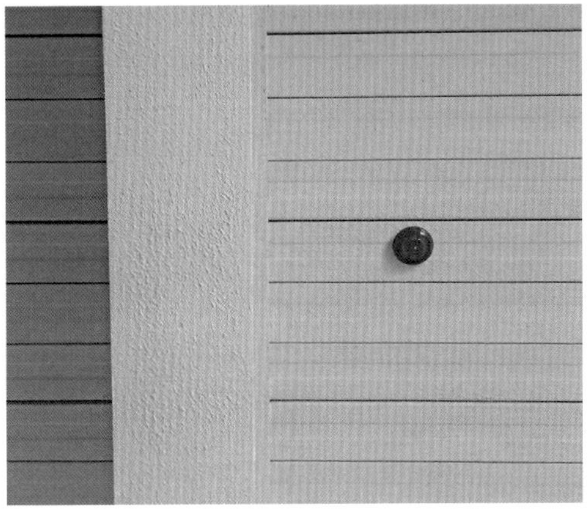 感烟探测器安装位置至梁边的水平距离不规范
		 感烟探测器安装位置至梁边的水平距离不规范	 感烟探测器安装位置至梁边的水平距离不规范

<table>
<tr><th>序号</th><th>标准内容及图例</th><th colspan="2">典型质量问题图例</th></tr>
<tr><td rowspan="2">19</td><td rowspan="2">
接地线安装位置应合理，便于设备检修和运行巡视。接地体一般采用暗敷，沿墙设有室内检修接地端子盒。盒体底部距地高度为0.3m，盒门与盒体应设置跨接线，盒门外侧设置明显标识。
依据:《国家电网公司输变电工程标准工艺（三）工艺标准库（2016年版）》</td><td>
室内接地箱无接线柱，接地箱门未跨接</td><td>
室内接地箱无接线柱，接地箱门未跨接</td></tr>
<tr><td>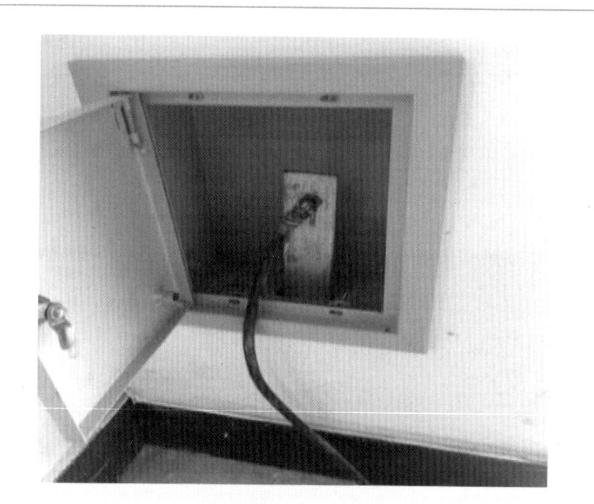
接地箱门未跨接</td><td>
接地体未采用暗敷方式</td></tr>
</table>

<table>
<tr><th>序号</th><th>标准内容及图例</th><th colspan="2">典型质量问题图例</th></tr>
<tr><td rowspan="2">20</td><td rowspan="2">
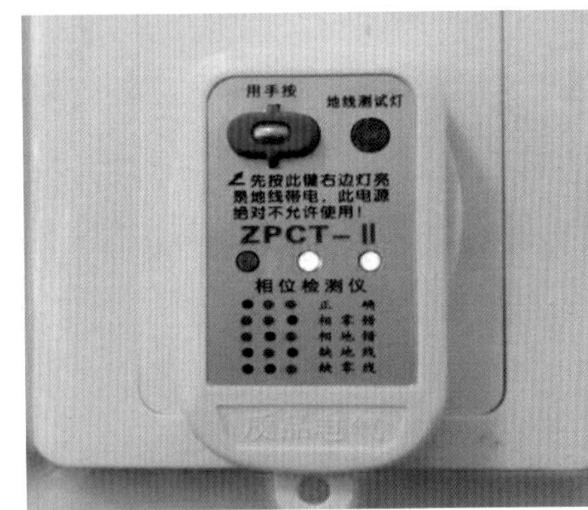

插座应满足左零右相要求，两孔插座竖向设置时应满足下零上相的要求；单相三孔、三相四孔及三相五孔插座的保护接地导体（PE）应接在上孔；同一场所三相插座接线相序要一致，开关通断位置要一致，确保操作灵活，接触可靠”。
依据：GB 50303—2015《建筑电气工程施工质量验收规范》、《国家电网公司输变电工程标准工艺（三）工艺标准库（2016年版）》</td><td>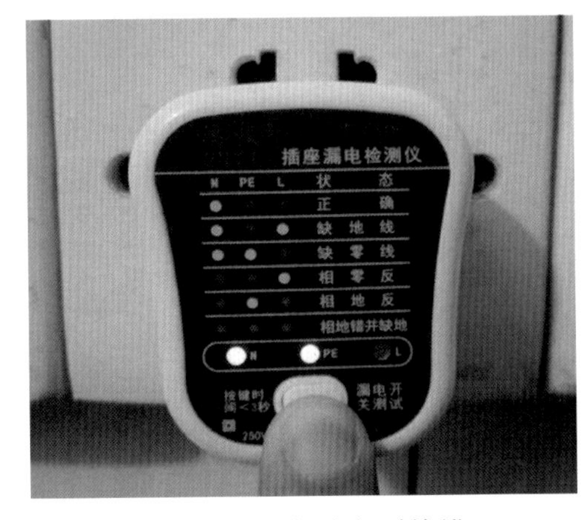

建筑物墙面插座相零接错</td><td>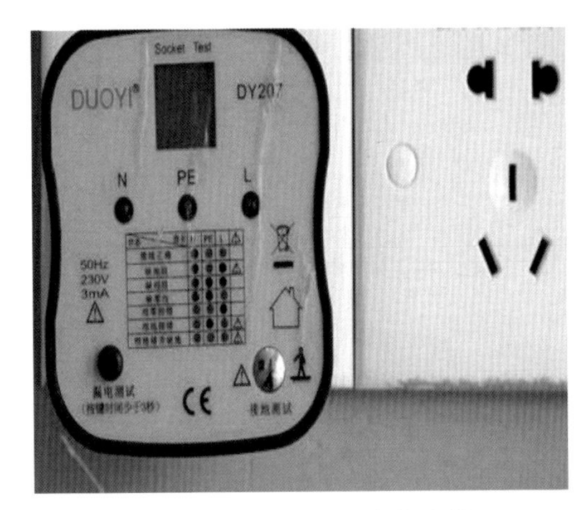

建筑物墙面插座相线未连接</td></tr>
<tr><td>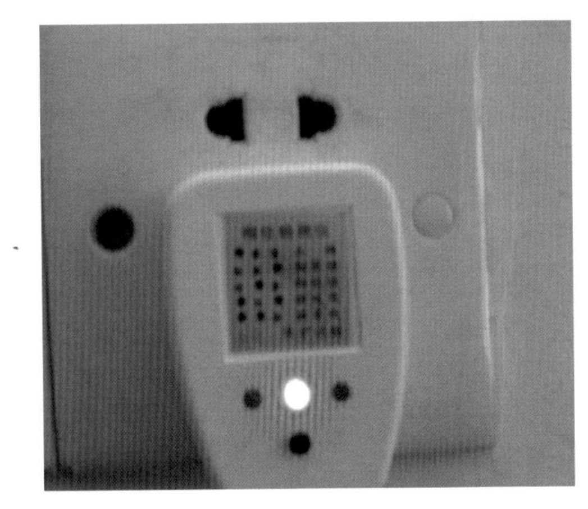
建筑物墙面插座缺地线</td><td>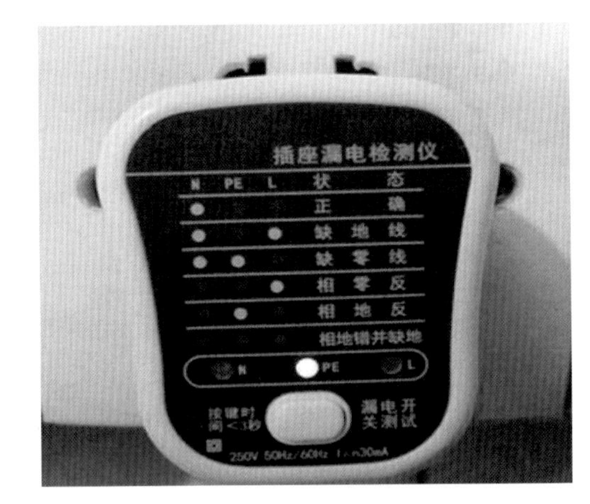

建筑物墙面插座缺地线</td></tr>
</table>

序号	标准内容及图例	典型质量问题图例	
21	台阶的面层应采用火烧石等防滑材料，相邻踏步高度应一致。 依据：《国家电网公司输变电工程标准工艺（三）工艺标准库（2016 年版）》	 建筑物室外台阶面层采用光面抛光石	 室外台阶未采用防滑材料
		 室外台阶（过道）未采用防滑材料	 室外台阶未采用防滑材料，相邻踏步高度不一致

<table>
<tr><th>序号</th><th>标准内容及图例</th><th colspan="2">典型质量问题图例</th></tr>
<tr><td rowspan="2">22</td><td rowspan="2">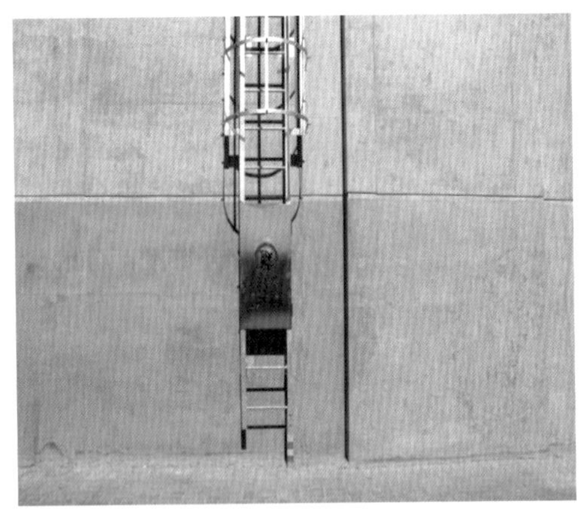
梯子下端的第一级踏棍距地距离应不大于450mm；护笼应采用圆形结构，要设置水平笼箍和至少5根立杆；横向上下栏杆间距不大于500mm。爬梯顶部距地距离为2m～20m时，防护栏杆高度应不低于1050mm；距离≥20m时，防护栏杆高度应不低于1200mm。
依据：GB 4053.1—2009《固定式钢梯及平台安全要求　第1部分：钢直梯》、GB 4053.3—2009《固定式钢梯及平台安全要求　第3部分：工业防护栏杆及钢平台》</td><td>
第一级踏棍距基准面距离大于450mm</td><td>
爬梯平台无腰杆</td></tr>
<tr><td>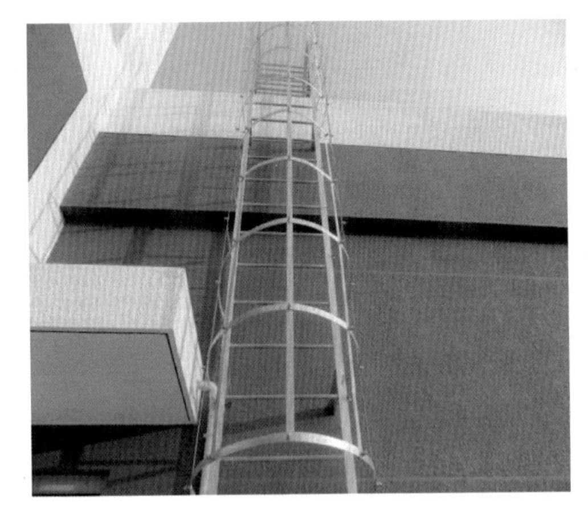
防护栏杆的中间栏杆（横杆）与上下构件间形成的空间间隙间距大于500mm</td><td>
第一级踏棍距基准面距离大于450mm</td></tr>
</table>

序号	标准内容及图例	典型质量问题图例	
23	  沉降观测标志应稳固埋设，高度以高于室内地坪（±0 面）0.2m～0.5m 为宜。观测点防护罩结构合理，安装工艺美观，标识清晰。 依据：《国网北京市电力公司关于开展 2019 年标准工艺竞赛活动的通知》（京电建设〔2019〕68 号）、GB 50026—2007《工程测量规范》	 观测点无防护罩	 观测点无防护罩，设置高度不满足要求
		 观测点无防护罩	 观测点无防护罩，设置高度不满足要求

序号	标准内容及图例	典型质量问题图例	
24	 墙体变形缝与基础变形缝位置和宽度应一致，上下贯通；围墙变形缝宜留在墙垛处，缝宽25mm。 依据：DL/T 5738—2016《电力建设工程变形缝施工技术规范》、《国家电网公司输变电工程标准工艺（三）工艺标准库（2016年版）》	 围墙沉降缝在压顶位置没有断开	 围墙沉降缝在压顶位置没有断开
		 围墙沉降缝在压顶位置没有断开	 围墙墙体未设置变形缝

<table>
<tr><th>序号</th><th>标准内容及图例</th><th colspan="2">典型质量问题图例</th></tr>
<tr><td rowspan="2">25</td><td rowspan="2">
站内应采用沥青混凝土道路，路面应平整密实、颗粒均匀，路面泛水坡度符合规范要求；建筑物散水应牢固平整，闭环完整，表面平整密实，无开裂。
依据：《国网北京市电力公司关于开展2019年标准工艺竞赛活动的通知》（京电建设〔2019〕68号）</td><td>
站内路面沉降</td><td>
站内路面沉降</td></tr>
<tr><td>
主控楼散水沉降</td><td>
主控楼散水沉降，墙体装饰开裂</td></tr>
</table>

<table>
<tr><th>序号</th><th>标准内容及图例</th><th colspan="2">典型质量问题图例</th></tr>
<tr><td rowspan="2">26</td><td rowspan="2">

工程施工过程中，应对施工涉及的分部分项工程和建筑工程成品、构件和完工工程进行保护。
依据：JGJ/T 427—2018《建筑装饰装修工程成品保护技术标准》</td><td>
边角处未做成品保护措施，造成墙皮脱落</td><td>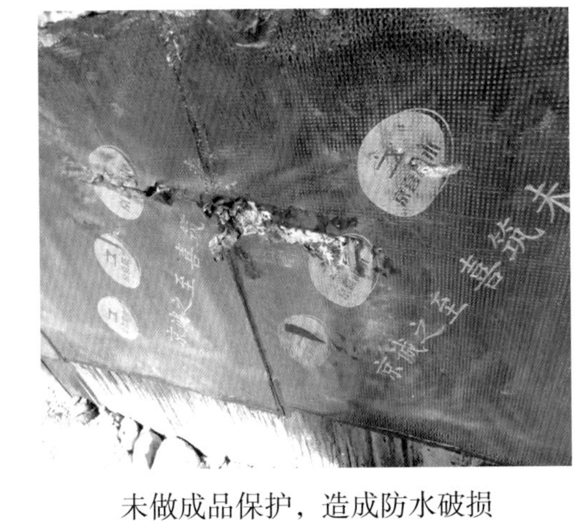
未做成品保护，造成防水破损</td></tr>
<tr><td>
屋面透气帽未进行成品保护</td><td>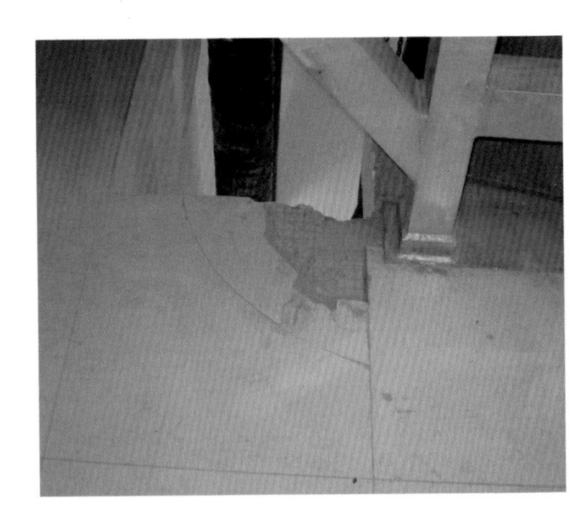
地面阳角成品保护措施不到位</td></tr>
</table>

序号	标准内容及图例	典型质量问题图例	
27	 焊缝表面不得有裂纹、焊瘤等缺陷。一级、二级焊缝不得有表面气孔、夹渣、弧坑裂纹、电弧擦伤等缺陷。且一级焊缝不得有咬边、未焊满、根部收缩等缺陷。 依据：GB 50205—2001《钢结构工程施工质量验收规范》	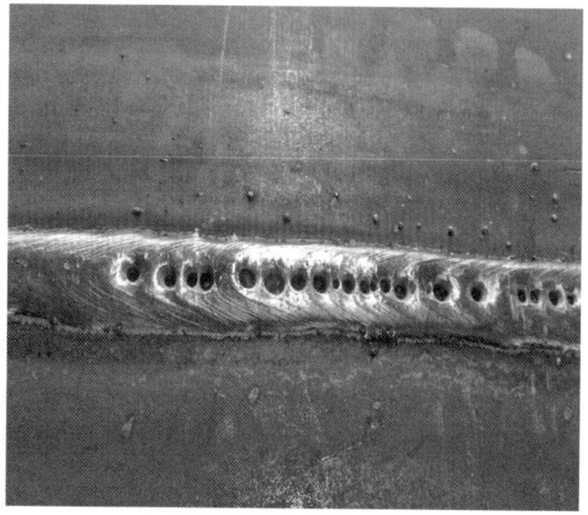 焊缝表面有气孔	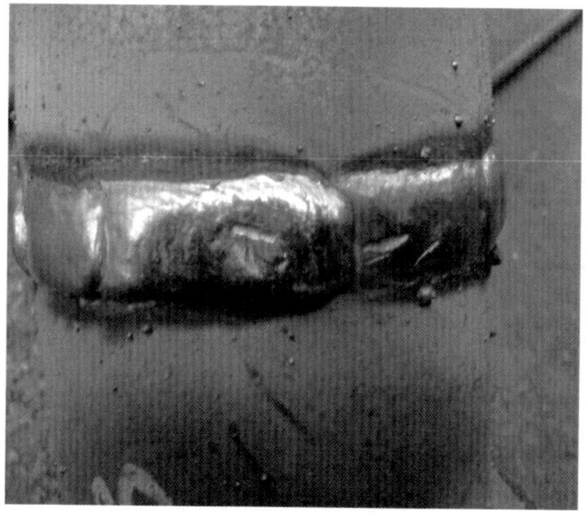 焊缝焊渣未清除
		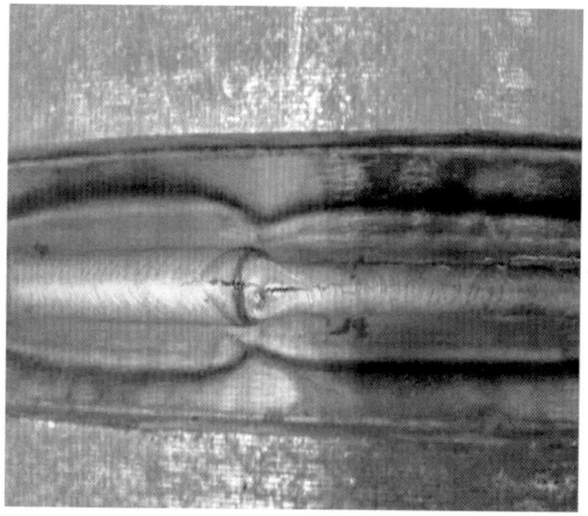 焊缝宽度不均匀	 焊缝咬边，角度偏差

序号	标准内容及图例	典型质量问题图例	
28	 防火涂料涂装基层不应有油污、灰尘和泥砂等污垢；防火涂料不应有误涂、漏涂，涂层应闭合无脱层、空鼓、明显凹陷、粉化松散和浮浆等外观缺陷，乳突应剔除。 依据：GB 50205—2001《钢结构工程施工质量验收规范》	 防火涂料涂层破损	 防火涂料涂层脱落
		 防火涂料局部漏喷	 防火涂料涂层破损

序号	标准内容及图例	典型质量问题图例	
29	 钢结构深化设计应具体，顶板与横梁固定处理应到位；混凝土浇筑振捣应到位；屋面防水施工细部处理应到位。 依据：GB 50205—2001《钢结构工程施工质量验收规范》、GB 50207—2012《屋面工程质量验收规范》	 钢结构顶板渗漏水	 钢结构顶板渗漏水
		 钢结构顶板渗漏水	 钢结构顶板渗漏水

序号	标准内容及图例	典型质量问题图例	
30	骨架隔墙的墙面板应安装牢固，无脱层、翘曲、折裂和缺损。表面应平整光滑、色泽一致、洁净、无裂缝，接缝应均匀顺直。 依据：GB 50210—2018《建筑装饰装修工程质量验收标准》	轻质填充墙面开裂	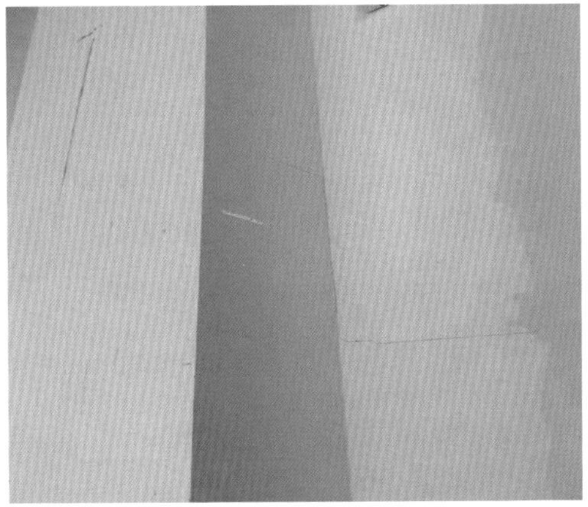 轻质填充墙面开裂
		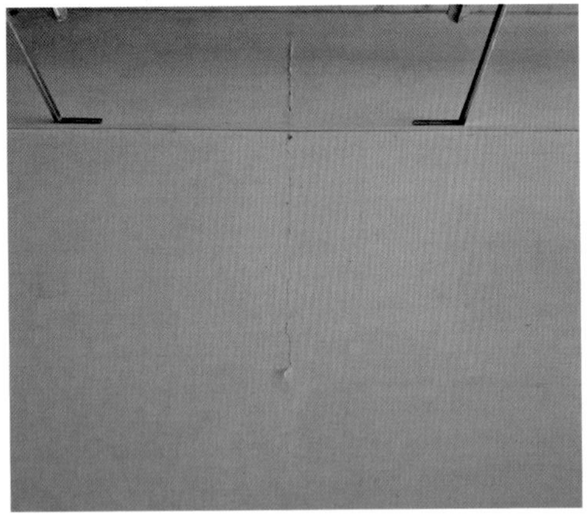 轻质填充墙面开裂	 轻质填充墙面开裂、翘曲

第二章

变电专业

序号	标准内容及图例	典型质量问题图例	
1	 变压器本体应两点接地。铁芯与夹件接地应分别引出，引出线与本体可靠绝缘，且便于接地电流检测，引下线截面要满足热稳定校核要求，中性点接地引出后，应有两根接地引线与主接地网的不同干线连接，引出线应按规定颜色标识。 依据：《国家电网有限公司十八项电网重大反事故措施（2018 年修订版）及编制说明》《国家电网公司变电验收通用管理规定 第 1 分册 油浸式变压器（电抗器）验收细则》《国家电网公司输变电工程标准工艺（三）工艺标准库（2016 年版）》、GB 50148—2010《电气装置安装工程电力变压器、油浸电抗器、互感器施工及验收规范》	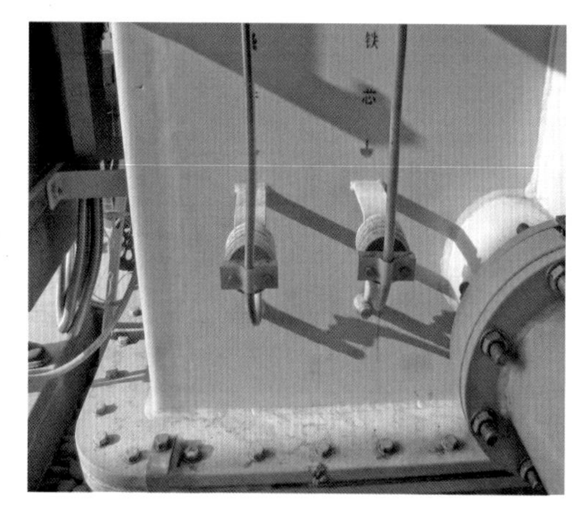 变压器铁芯、夹件接到器身上，未分别与地网连接	 铁芯、夹件引出线与本体未可靠绝缘
		 铁芯、夹件引出线未做黑色标识	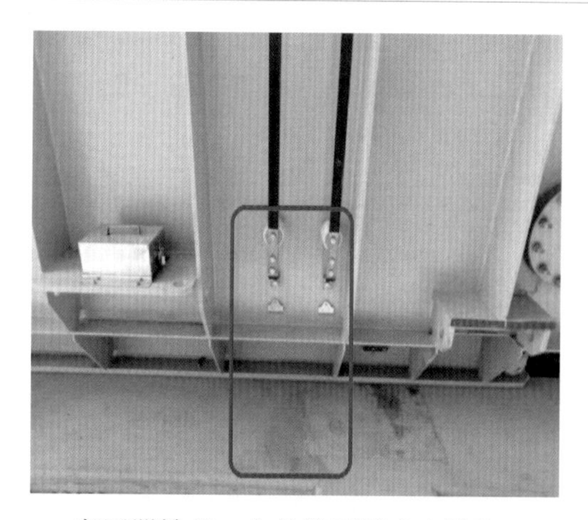 变压器铁芯、夹件接到器身本体上，且缺少铁芯、夹件接地线引出端

<table>
<tr><th>序号</th><th>标准内容及图例</th><th colspan="2">典型质量问题图例</th></tr>
<tr><td rowspan="2">2</td><td rowspan="2">

变压器本体保护应加强防雨、防震措施，户外布置的压力释放阀、气体继电器和油流速动继电器应加装防雨罩。
依据：《国家电网有限公司十八项电网重大反事故措施（2018年修订版）》《国家电网公司变电验收通用管理规定　第1分册　油浸式变压器（电抗器）验收细则》《国家电网公司输变电工程标准工艺（三）工艺标准库（2016年版）》</td><td>
变压器气体继电器的防雨罩过小，不能遮挡尾管末端</td><td>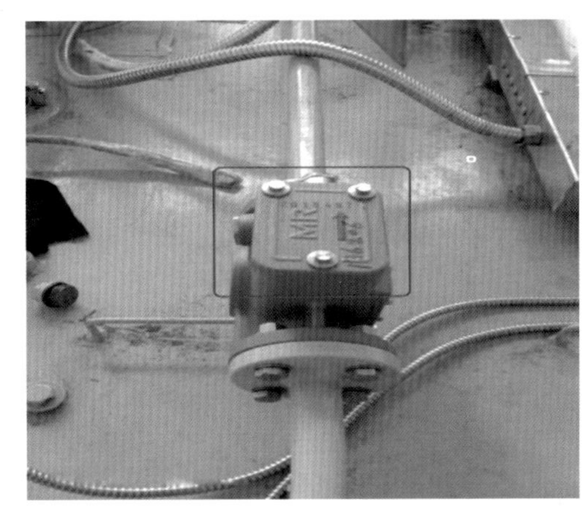
油流速动继电器未加装防雨罩</td></tr>
<tr><td>
主变气体继电器无防雨罩</td><td>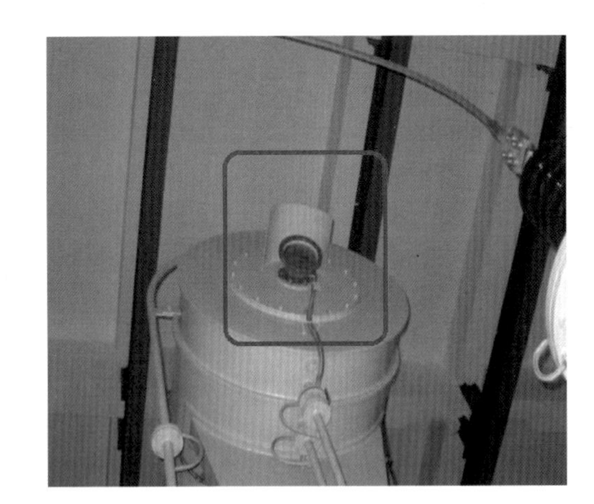
主变压力释放防雨罩不规范</td></tr>
</table>

<table>
<tr><th>序号</th><th>标准内容及图例</th><th colspan="2">典型质量问题图例</th></tr>
<tr><td rowspan="2">3</td><td rowspan="2">

隔离开关支架应两点接地，其接地线不得连接于主接地网的同一干线；垂直连杆做黑色标识，应采用截面满足要求的软铜线接地。
依据:《国家电网公司输变电工程标准工艺（三）工艺标准库（2016 年版）》</td><td>

隔离开关机构垂直连杆未接地</td><td>
隔离开关机构垂直连杆未接地</td></tr>
<tr><td>
隔离开关机构垂直连杆未接地</td><td>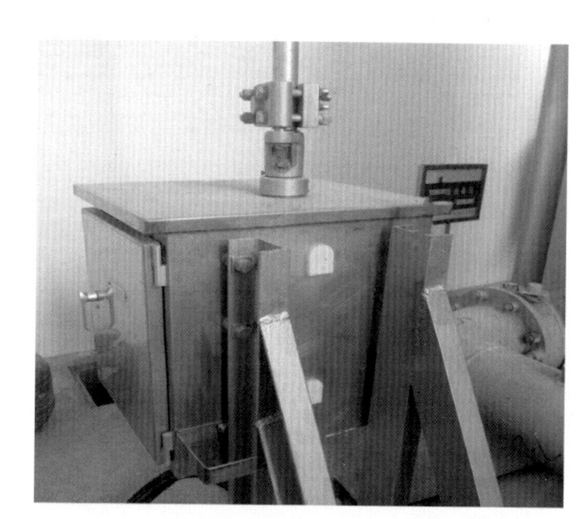
隔离开关机构垂直连杆未接地</td></tr>
</table>

<table>
<tr><th>序号</th><th>标准内容及图例</th><th colspan="2">典型质量问题图例</th></tr>
<tr><td rowspan="2">4</td><td rowspan="2">
为了防止散热器片受力造成漏油等质量问题，主变低压侧母线须按设计图纸要求制作固定支架。
依据:《国家电网有限公司输变电工程质量通病防治手册（2019年版）》</td><td>
母排支柱绝缘子直接固定在散热器上</td><td>
母排支柱绝缘子直接固定在散热器上</td></tr>
<tr><td>
母排支柱绝缘子直接固定在散热器上</td><td>
母排支柱绝缘子直接固定在散热器上</td></tr>
</table>

<table>
<tr><th>序号</th><th>标准内容及图例</th><th colspan="2">典型质量问题图例</th></tr>
<tr><td rowspan="2">5</td><td rowspan="2">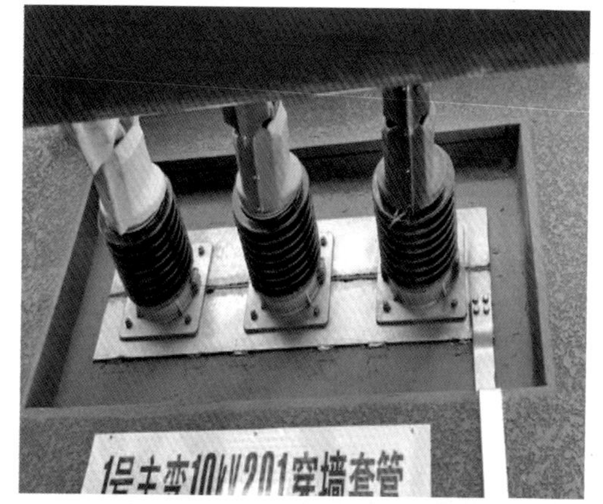
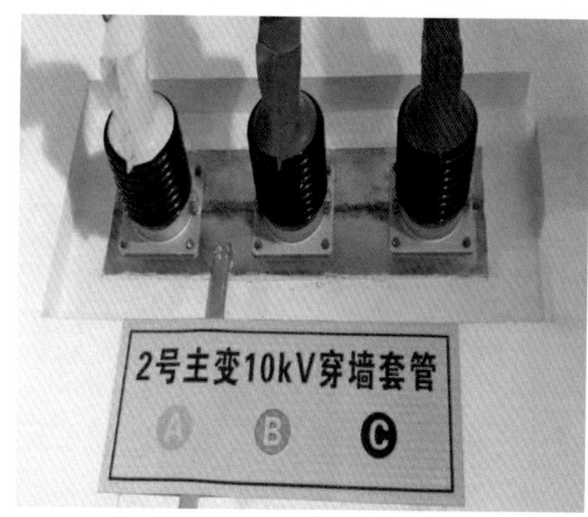

穿墙套管钢板割缝须贯通，600A 及以上母线穿墙套管金属夹板（紧固件除外）应采用非磁性材料，应由金属与母线相连，金属夹板厚度不应小于 3mm。
依据：《国家电网公司输变电工程标准工艺（三）工艺标准库（2016 年版）》</td><td>
变压器低压侧母排穿墙套管钢板割缝未贯通</td><td>
变压器低压侧母排穿墙套管钢板割缝未贯通</td></tr>
<tr><td>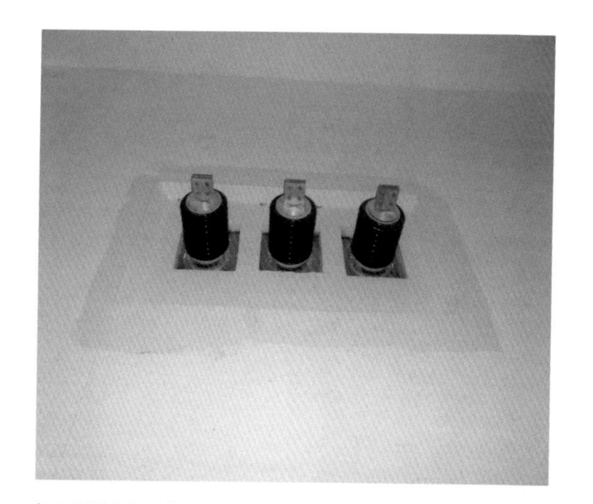
变压器低压侧母排穿墙套管钢板割缝未贯通</td><td>
变压器低压侧母排穿墙套管钢板接地线搭接倍数不足</td></tr>
</table>

<table>
<tr><th>序号</th><th>标准内容及图例</th><th colspan="2">典型质量问题图例</th></tr>
<tr><td rowspan="2">6</td><td rowspan="2">
10kV 母线桥安装平直，吊支架顺直牢固，母线筒通风百叶窗设置合理规范，母线筒、支架接地线明显可靠，接地工艺美观，标识规范清晰。母线桥 B 相接头位置应与 A、C 相接头错开一个绝缘子间隔安装；母线筒应设置外接地线。
依据：《国家电网公司输变电工程标准工艺（三）工艺标准库（2016 年版）》</td><td>
接头位置未错开一个绝缘子间隔安装</td><td>
接头位置未错开一个绝缘子间隔安装</td></tr>
<tr><td>
接头位置未错开一个绝缘子间隔安装</td><td>
接头位置未错开一个绝缘子间隔安装</td></tr>
</table>

序号	标准内容及图例	典型质量问题图例	
7	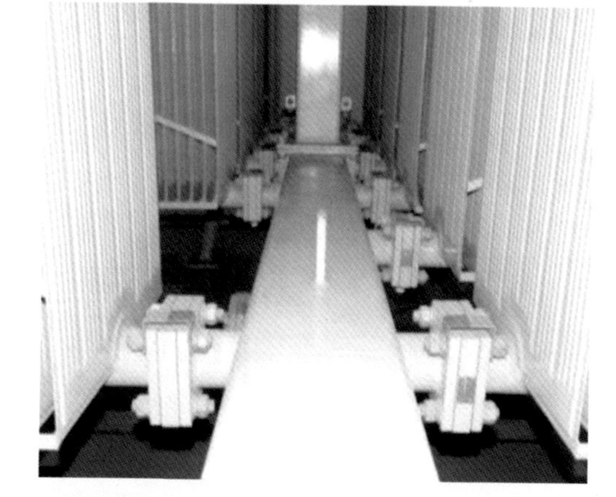 变压器本体及附件外观应无缺陷，无渗漏，无遗留物；连接管路的法兰间跨接线须连接牢固。 依据：《国家电网公司变电站工程主要电气设备安装质量工艺关键环节管控记录卡》	 法兰、金属连接部位缺少接地跨接线  法兰、金属连接部位缺少接地跨接	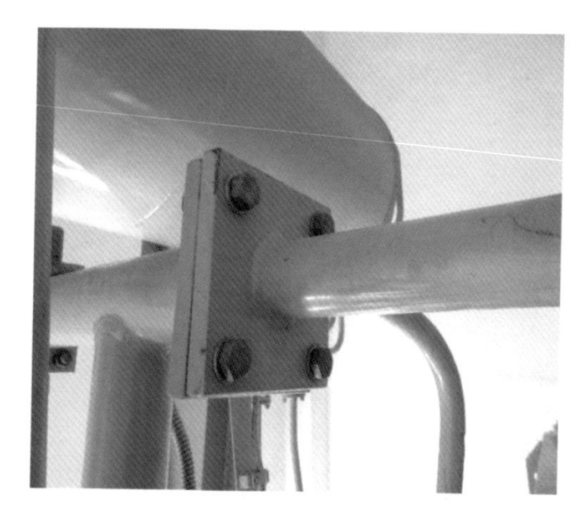 法兰连接部位缺少接地跨接线  法兰、金属连接部位缺少接地跨接线

序号	标准内容及图例	典型质量问题图例
8	  GIS 平面布置图及剖视图上，应表明伸缩节的位置与数量。伸缩节采用不锈钢波纹管结构或特殊的套筒结构；制造厂应根据使用的目的、允许的位移量等来选定伸缩节的结构。伸缩节及波纹管调整螺栓间隙应符合厂方规定，留有余度。 依据：《国家电网公司气体绝缘金属全封闭开关设备技术标准》《国家电网公司变电验收通用管理规定》	 伸缩节及波纹管未设置调节方式标识  伸缩节及波纹管未设置调节方式标识  伸缩节及波纹管未设置调节方式标识  伸缩节及波纹管未设置调节方式标识

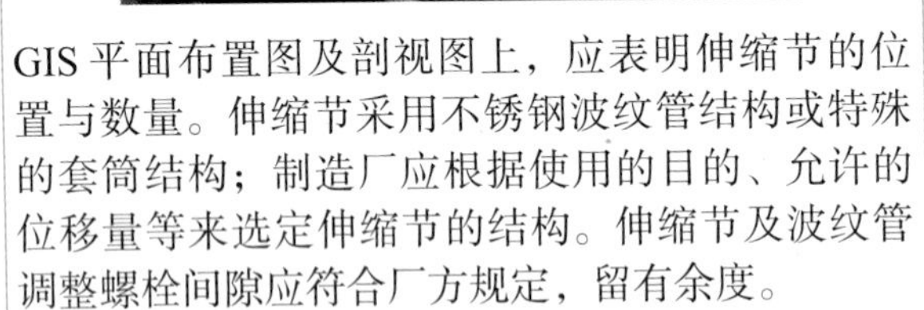

<table>
<tr><th>序号</th><th>标准内容及图例</th><th colspan="2">典型质量问题图例</th></tr>
<tr><td rowspan="2">9</td><td rowspan="2">
电压互感器、避雷器、快速接地开关应采用专用接地线接地；接地开关与快速接地开关的接地端子应与外壳绝缘后再接地。
依据:《国家电网公司变电验收通用管理规定》《国网基建部关于发布输变电工程设计常见病清册（2018年版）的通知》</td><td>
电压互感器未采用专用接地线接地</td><td>
快速接地开关未采用专用接地线接地</td></tr>
<tr><td>
电压互感器未采用专用接地线接地</td><td>
快速接地开关未采用专用接地线接地</td></tr>
</table>

<table>
<tr><th>序号</th><th>标准内容及图例</th><th colspan="2">典型质量问题图例</th></tr>
<tr><td rowspan="2">10</td><td rowspan="2">
母线、断路器气室、独立气室应安装独立的密度继电器，表计应朝向便于读数的方向。
依据：《国家电网公司输变电工程标准工艺（三）工艺标准库（2016年版）》</td><td>
独立气室未分别安装独立的密度继电器</td><td>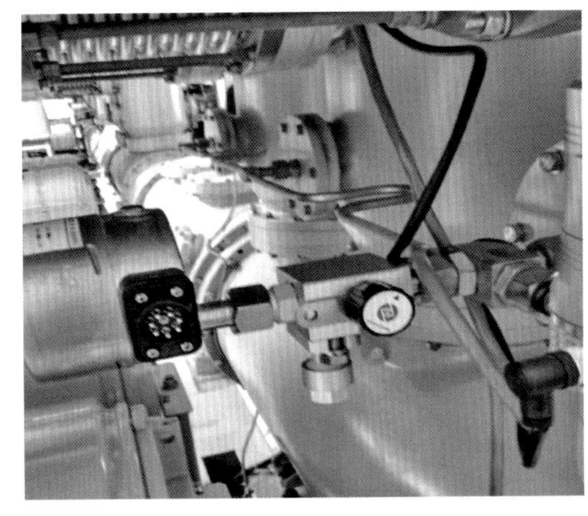
独立气室未分别安装独立的密度继电器</td></tr>
<tr><td>
密度继电器表计方向不便于读数</td><td>
密度继电器表计方向不便于读数</td></tr>
</table>

序号	标准内容及图例	典型质量问题图例	
11	 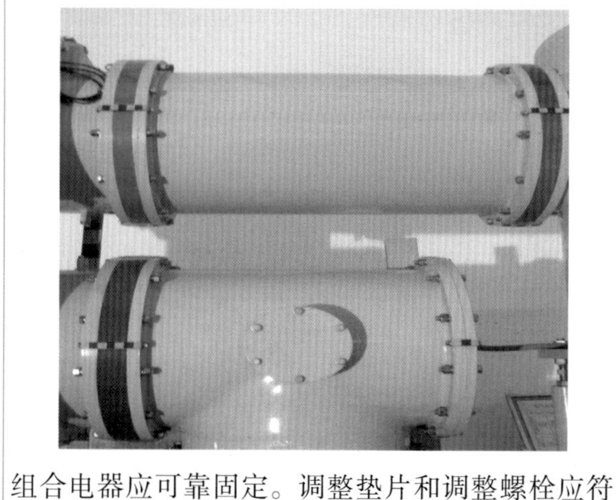 组合电器应可靠固定。调整垫片和调整螺栓应符合产品和规范要求。盆式绝缘子标识规范清晰[盆式支持绝缘子（通气），绿色标识；盆式隔板（不通气），红色标识]；电缆及二次接线排列整齐、美观，固定与防护措施可靠，标识清晰；组合电器本体上的二次电缆宜采用封闭桥架形式；面漆色泽均匀一致，相色标识规范。 依据：《国家电网公司输变电工程标准工艺（三）工艺标准库（2016 年版）》	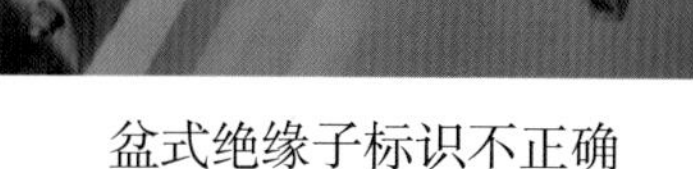 盆式绝缘子标识不正确	 盆式绝缘子标识不正确
		 盆式绝缘子标识不正确	 密度继电器二次回路无标识

<table>
<tr><th>序号</th><th>标准内容及图例</th><th colspan="2">典型质量问题图例</th></tr>
<tr><td rowspan="2">12</td><td rowspan="2">
二次设备的金属管应从一次设备的接线盒（箱）引至电缆沟，电缆不应外露；电缆保护管应两端接地，一端将与设备的支架封顶板可靠连接，另一端在地面以下就近与主接地网可靠焊接。
依据：《国家电网公司输变电工程标准工艺（三）工艺标准库（2016年版）》</td><td>
二次电缆槽盒固定不牢固，线芯裸露</td><td>
二次保护管线芯裸露</td></tr>
<tr><td>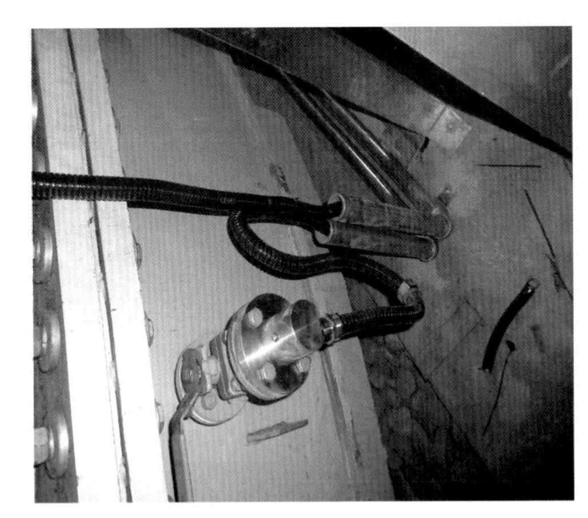
二次保护管脱落，不牢固</td><td>
二次保护管脱落，不牢固</td></tr>
</table>

<table>
<tr><th>序号</th><th>标准内容及图例</th><th colspan="2">典型质量问题图例</th></tr>
<tr><td rowspan="2">13</td><td rowspan="2">
蓄电池需进行编号，编号清晰、齐全；电缆引出线正极为赭色（棕色），负极为蓝色；布置在同一房间的两组蓄电池，不同蓄电池组间应采取防火隔爆措施。
依据：《国家电网公司输变电工程标准工艺（三）工艺标准库（2016 年版）》</td><td>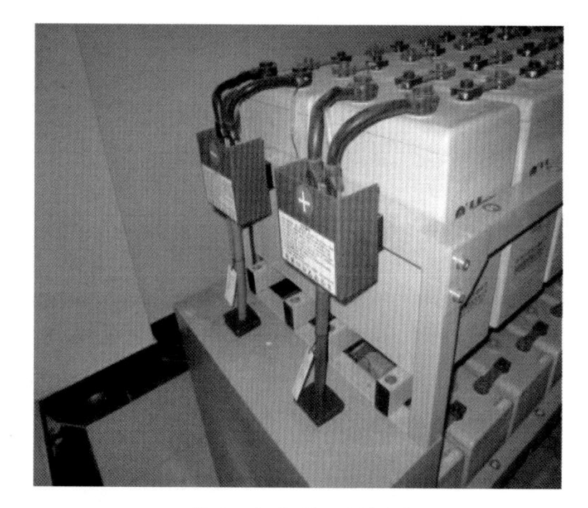
蓄电池本体无编号</td><td>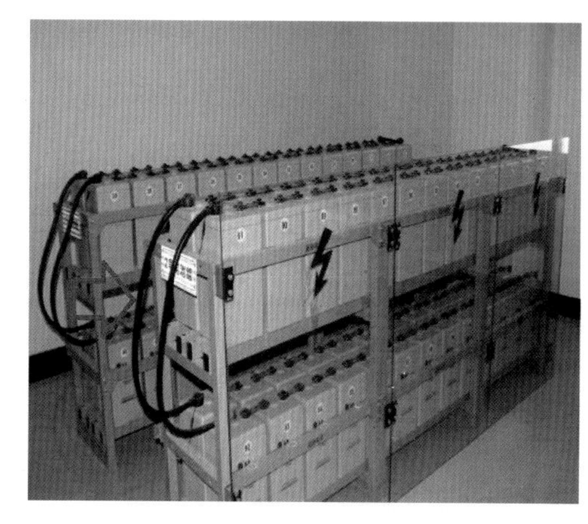
两组蓄电池可布置在同一房间，不同蓄电池组间未采取防火隔爆措施</td></tr>
<tr><td>

蓄电池组电缆引出线未采取防火隔爆措施</td><td>

蓄电池编号不齐全</td></tr>
</table>

<table>
<tr><th>序号</th><th>标准内容及图例</th><th colspan="2">典型质量问题图例</th></tr>
<tr><td rowspan="2">14</td><td rowspan="2">

电气装置必须接地金属部分：配电、控制、保护用的屏（柜、箱）及操作台的金属框架和底座；配电装置的金属遮栏。
依据：GB 50169—2016《电气装置安装工程接地装置施工及验收规范》</td><td>
母线桥槽盒未安装跨接地</td><td>
屏、柜接地不规范</td></tr>
<tr><td>
设备底座未接地</td><td>
保护屏、柜未接地</td></tr>
</table>

序号	标准内容及图例	典型质量问题图例	
15	  变压器本体处电缆支架的接地线引出端应从靠近油池侧适当位置引出。接地线敷设工艺美观，标识清晰规范；电缆支架钢立柱外侧设置斜支撑。支架的横向支撑与立柱工字钢的中心焊接。接地块设置在立柱距地面400mm，接地线与接地块采用螺栓固定。 依据:《国家电网公司输变电工程标准工艺（三）工艺标准库（2016年版）》	 接地线标识不清晰	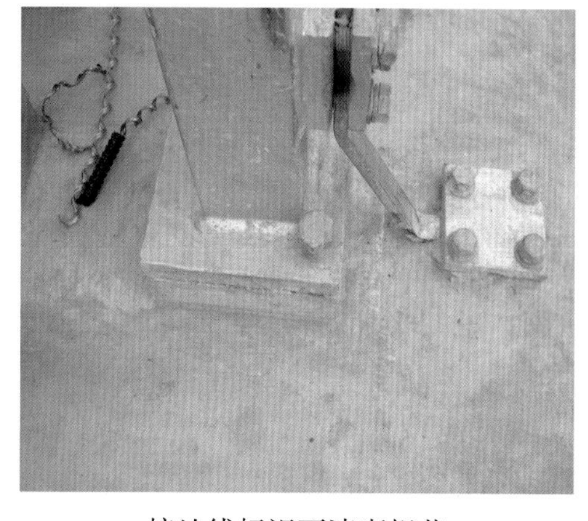 接地线标识不清晰规范
		 未设置接地模块，接地线与接地块未采用螺栓固定	 未按照标准工艺要求制作接地线

<table>
<tr><th>序号</th><th>标准内容及图例</th><th colspan="2">典型质量问题图例</th></tr>
<tr><td rowspan="2">16</td><td rowspan="2">

扁钢接地线采用三面搭接焊工艺，焊口饱满，无焊渣，搭接长度应不小于扁钢宽度的2倍。
依据：《国网北京市电力公司建设部关于发布基建工程安全质量共性问题清单的通知》（建设〔2016〕106号）</td><td>
接地块与接地线不匹配</td><td>
接地线焊接倍数不足，且无绿黄标识</td></tr>
<tr><td>
接地线焊接倍数不足，且无绿黄标识</td><td>
接地线无标识且未三边施焊</td></tr>
</table>

序号	标准内容及图例	典型质量问题图例	
17	屏顶小母线应设置防护措施，屏顶引下线在穿孔处设置胶套或绝缘保护。 依据：《国家电网公司输变电工程标准工艺（三）工艺标准库（2016 年版）》	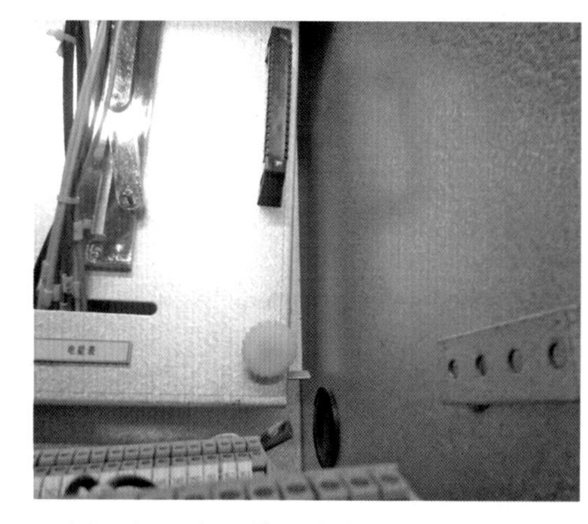 屏、柜二次电缆芯线穿孔无保护措施	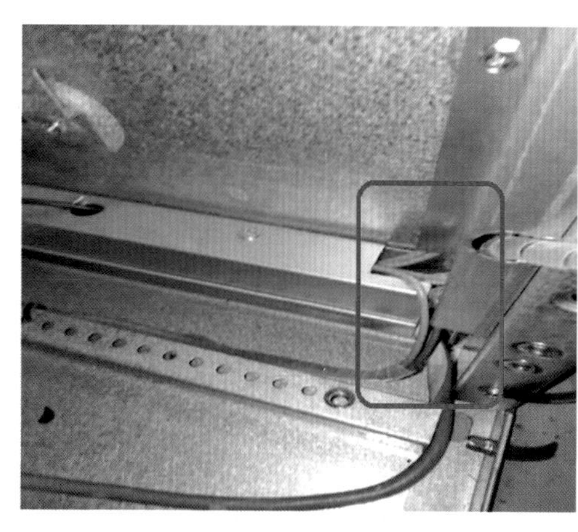 屏、柜二次电缆芯线敷设无保护措施
		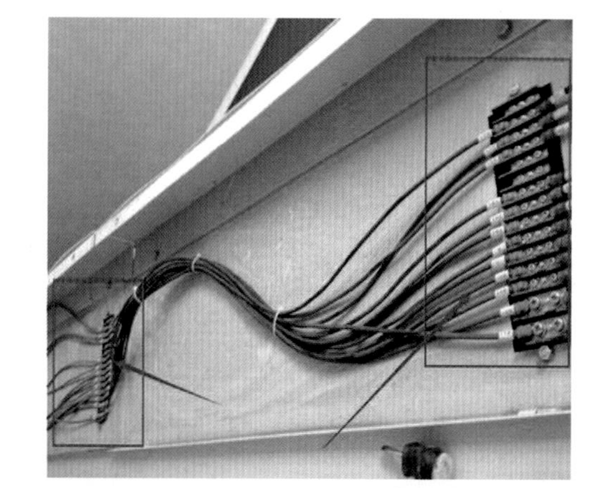 保护屏、柜屏顶小母线未设置胶套等绝缘保护防护措施	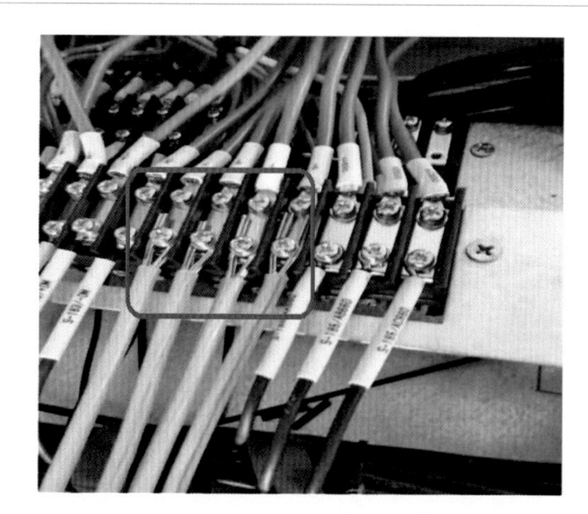 屏、柜屏顶小母线未采用专用接线鼻子安装，接线端子未采取防护

序号	标准内容及图例	典型质量问题图例	
18	  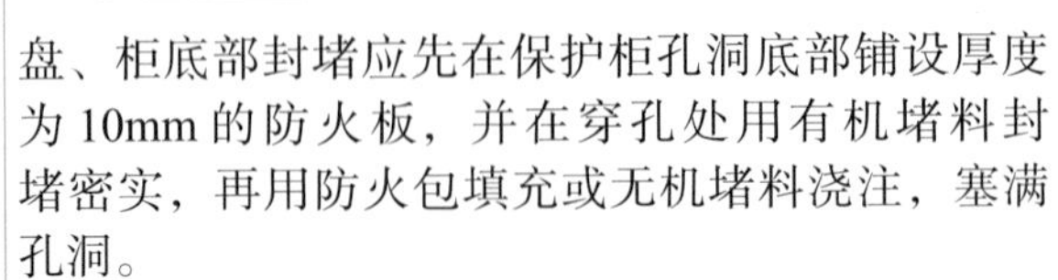 盘、柜底部封堵应先在保护柜孔洞底部铺设厚度为10mm的防火板，并在穿孔处用有机堵料封堵密实，再用防火包填充或无机堵料浇注，塞满孔洞。 依据：《国家电网公司输变电工程标准工艺（三）工艺标准库（2016年版）》	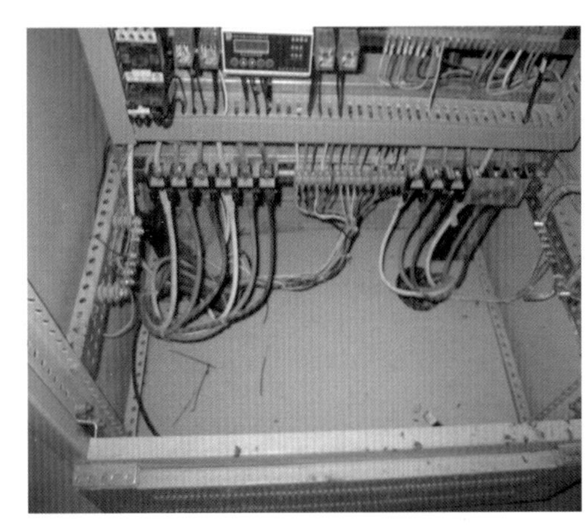 端子箱底部未进行防火封堵  端子箱底部未进行防火封堵	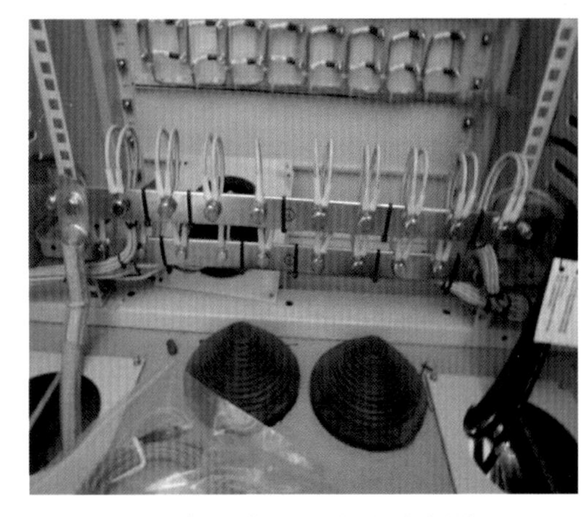 端子箱底部未进行防火封堵  端子箱底部未进行防火封堵

<table>
<tr><th>序号</th><th>标准内容及图例</th><th colspan="2">典型质量问题图例</th></tr>
<tr><td rowspan="2">19</td><td rowspan="2">
加热除湿元件应安装在二次设备盘（柜）下部，使用耐热绝缘导线，且与盘（柜）内其他电气元件和二次线缆的距离≥80 mm，无法满足要求时，应增加热隔离措施。
依据：DL/T 5740—2016《智能变电站施工技术规范》</td><td>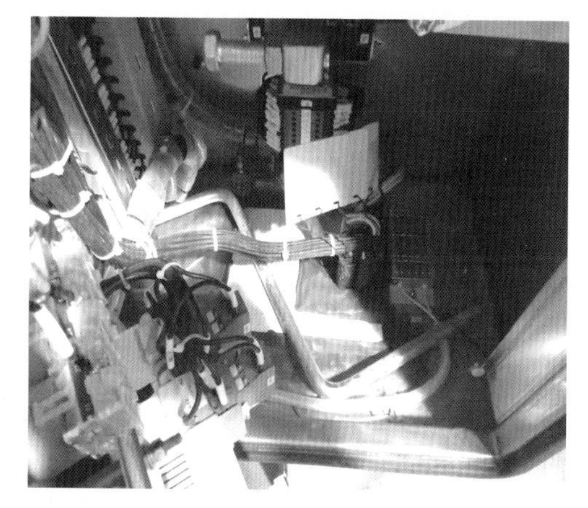
端子箱内加热器与控制电缆距离小于 80mm</td><td>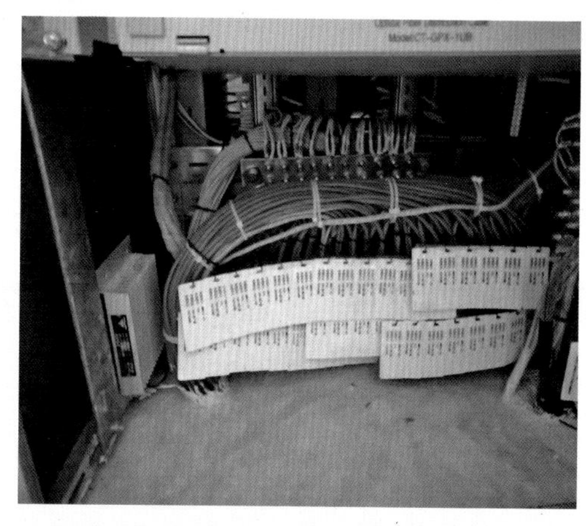
端子箱内加热器与控制电缆距离小于 80mm</td></tr>
<tr><td>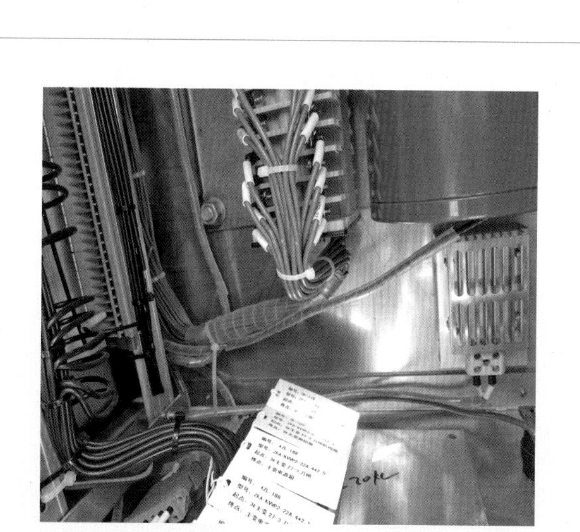
端子箱内加热器与控制电缆距离小于 80mm</td><td>
端子箱内加热器电源线无防护措施</td></tr>
</table>

<table>
<tr><th>序号</th><th>标准内容及图例</th><th colspan="2">典型质量问题图例</th></tr>
<tr><td rowspan="2">20</td><td rowspan="2">

芯线应有规律地配置，套有号码管，排列整齐、绝缘良好、无损伤，芯线绑扎扎带头间距统一，且线芯不得裸露；备用芯应满足最远端子接线要求。
依据：《国家电网公司输变电工程标准工艺（三）工艺标准库（2016年版）》</td><td>
屏、柜二次芯线未绑扎，排列杂乱无章，备用芯线未加装封头</td><td>
控制电缆备用芯未编号</td></tr>
<tr><td>
控制电缆备用芯未编号，且线芯裸露</td><td>
控制电缆排列不规范</td></tr>
</table>

序号	标准内容及图例	典型质量问题图例	
21	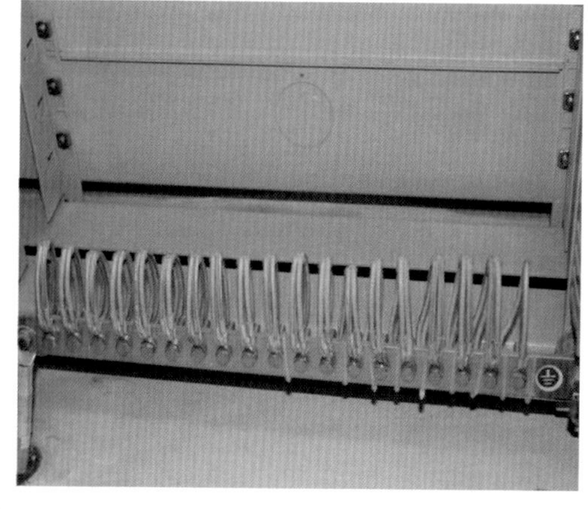 每个接地螺栓上连接的线鼻不得超过 2 个，每个接地线鼻子不超过 6 根屏蔽线。 依据：《国家电网公司输变电工程标准工艺（三）工艺标准库（2016 年版）》	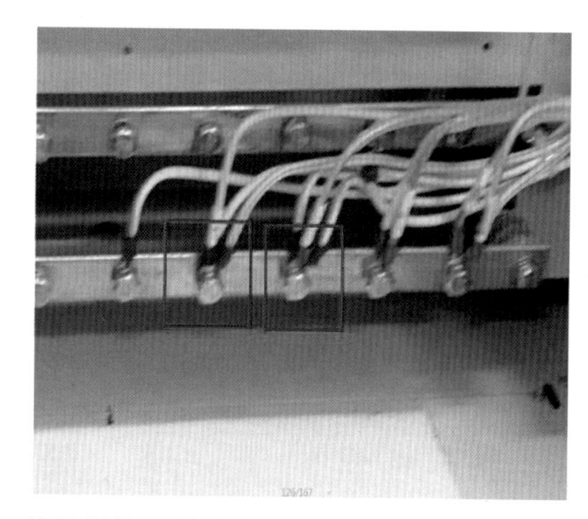 接地螺栓上所引接的屏蔽接地线鼻超过 2 个	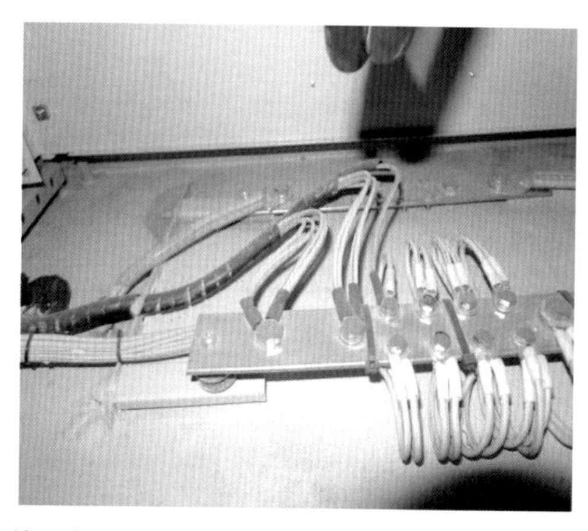 接地螺栓上所引接的屏蔽接地线鼻超过 2 个
		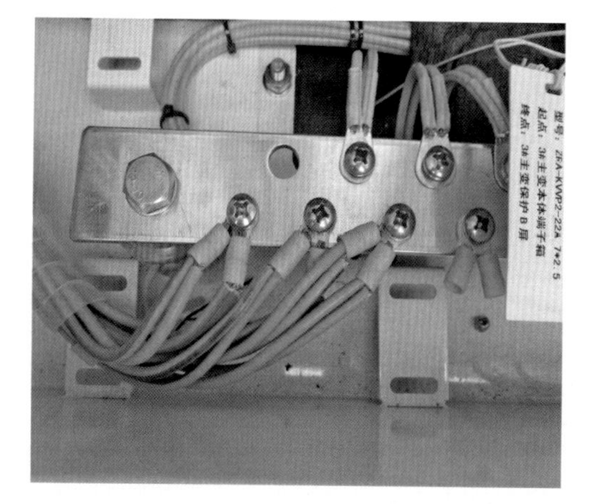 二次接地铜排预留孔未安装螺栓，屏蔽线脱落	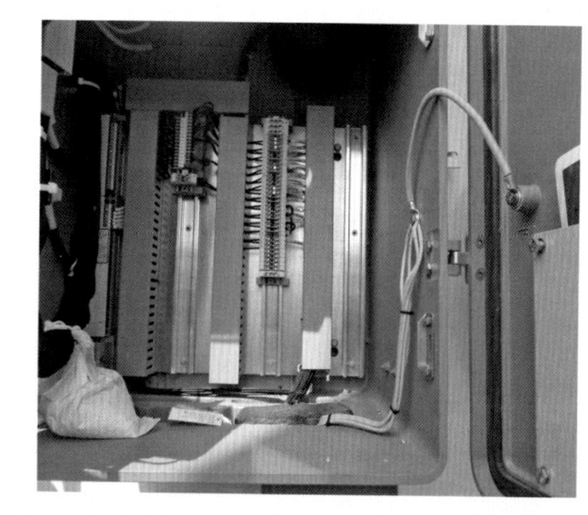 屏蔽接地线鼻超过 2 个，且未经专用接地铜排接地

<table>
<tr><th>序号</th><th>标准内容及图例</th><th colspan="2">典型质量问题图例</th></tr>
<tr><td rowspan="2">22</td><td rowspan="2">

电缆应排列整齐，无交叉，无下垂现象。室外电缆敷设时不应外露；最小弯曲半径应为电缆外径的12倍；交联聚氯乙烯绝缘电力电缆：多芯应为15倍，单芯为20倍；各电缆终端应装设规格统一的标识牌，标识牌的字迹应清晰不易脱落；防静电地板下电缆敷设宜设置电缆盒或电缆桥架并可靠接地。
依据：《国网北京市电力公司关于开展2019年标准工艺竞赛活动的通知》（京电建设〔2019〕68号）</td><td>
电缆排列不整齐</td><td>
电缆排列不整齐</td></tr>
<tr><td>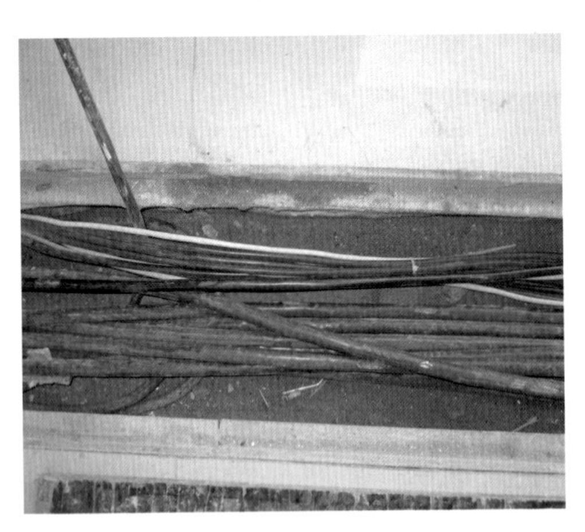
电缆排列不整齐，未设置槽盒或桥架</td><td>
电缆排列不整齐，未设置槽盒或桥架</td></tr>
</table>

<table>
<tr><th>序号</th><th>标准内容及图例</th><th colspan="2">典型质量问题图例</th></tr>
<tr><td rowspan="2">23</td><td rowspan="2">
电气装置的接地必须单独与接地网连接，严禁两个及以上电气装置接地串接在一条接地线上；避雷器、避雷针、避雷线应采用专用接地线接地。
依据：GB 50169—2016《电气装置安装工程接地装置施工及验收规范》</td><td>
避雷器放电计数器未直接接地</td><td>
变压器中性点电气装置未与接地网连接</td></tr>
<tr><td>
避雷器接地端子未采用专门敷设的接地线接地</td><td>
避雷器接地端子未采用专门敷设的接地线接地</td></tr>
</table>

序号	标准内容及图例	典型质量问题图例	
24	 均压环易积水部位最低点应设置排水孔。 依据：GB 50148—2010《电力变压器、油浸电抗器、互感器施工及验收规范》	 均压环易积水部位最低点未设置排水孔	 导线金具未打排水孔
		 均压环易积水部位最低点未设置排水孔	 均压环易积水部位最低点未设置排水孔

<table>
<tr><th>序号</th><th>标准内容及图例</th><th colspan="2">典型质量问题图例</th></tr>
<tr><td rowspan="2">25</td><td rowspan="2">
光缆引下线应每隔 1.5m ~ 2m 安装一个绝缘橡胶固定卡具，光缆与构架间距不得小于 20mm。余缆可靠固定在余缆架上，绑扎点不应少于 4 处；光缆接地应采用专用接地线，接地线的一端采用并沟线夹或插片形式与光缆连接，另一端采用双螺栓连接固定在架构的专用接地极上。
依据：《国家电网公司输变电工程标准工艺（三）工艺标准库（2016 年版）》、DL/T 1378—2014《光纤复合架空地线（OPGW）防雷接地技术导则》</td><td>
光缆与构架接触，间距小于 20mm</td><td>
光缆引下线接地不规范，未采用双螺栓</td></tr>
<tr><td>
余缆架和接续盒与构架间未采用匹配的固定卡具加绝缘橡胶固定</td><td>
光缆敷设不规范</td></tr>
</table>

第三章

线路专业

<table>
<tr><th>序号</th><th>标准内容及图例</th><th colspan="2">典型质量问题图例</th></tr>
<tr><td rowspan="2">1</td><td rowspan="2">

混凝土浇筑倾落高度：当粗骨料粒径大于25mm时，高度应小于等于3m；当粗骨料粒径小于等于25mm时，高度应小于等于6m，不满足要求时应使用串桶、溜管、溜槽等装置。
依据：GB 50666—2011《混凝土结构工程施工规范》</td><td>
桩基混凝土浇筑未使用串桶</td><td>
基础混凝土浇筑未使用串桶</td></tr>
<tr><td>
桩基混凝土浇筑未使用串桶</td><td>
桩基混凝土浇筑未使用串桶</td></tr>
</table>

<table>
<tr><th>序号</th><th>标准内容及图例</th><th colspan="2">典型质量问题图例</th></tr>
<tr><td rowspan="2">2</td><td rowspan="2"> 混凝土基础应表面平整，无蜂窝麻面，无破损。
依据：GB 50233—2014《110kV～750kV 架空输电线路施工及验收规范》、DL/T 5168—2016《110kV～750kV 架空输电线路施工质量检验及评定规程》</td><td> 基础出现蜂窝，麻面</td><td> 基础出现蜂窝，麻面</td></tr>
<tr><td> 基础表面麻面，有裂纹</td><td> 基础表面不平整</td></tr>
</table>

<table>
<tr><th>序号</th><th>标准内容及图例</th><th colspan="2">典型质量问题图例</th></tr>
<tr><td rowspan="2">3</td><td rowspan="2"> 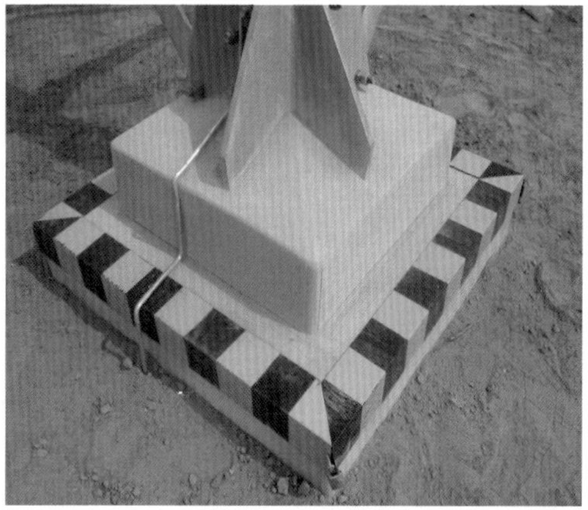基础施工完成后，应采取保护基础成品的措施。
依据：GB 50233—2014《110kV～750kV 架空输电线路施工及验收规范》</td><td> 基础棱角磕碰</td><td> 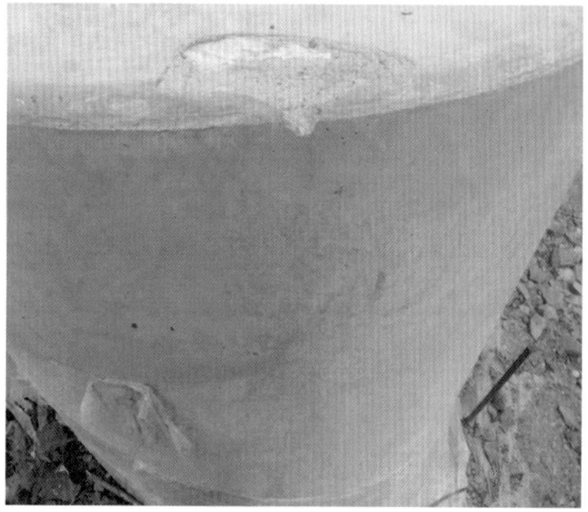基础棱角磕碰</td></tr>
<tr><td> 基础棱角磕碰</td><td> 基础棱角磕碰</td></tr>
</table>

序号	标准内容及图例	典型质量问题图例	
4	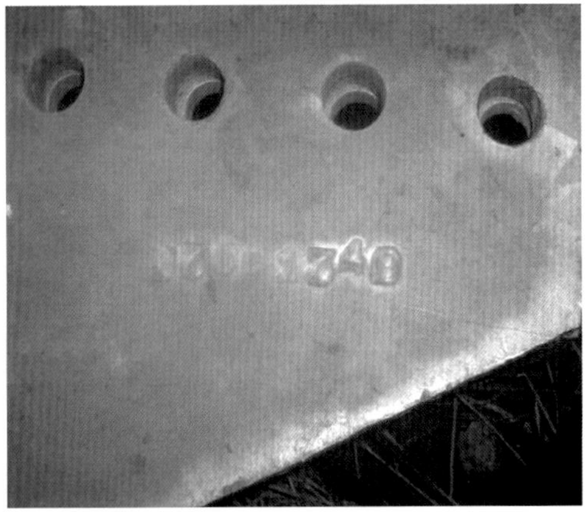 杆塔部件组装有困难时不得强行组装。螺孔扩孔部分不应超过3mm，当扩孔需超过3mm时，应先堵焊再重新打孔，并进行防锈处理，不得用气割扩孔或烧孔。 依据：GB 50233—2014《110kV～750kV架空输电线路施工及验收规范》	 塔材螺孔扩孔	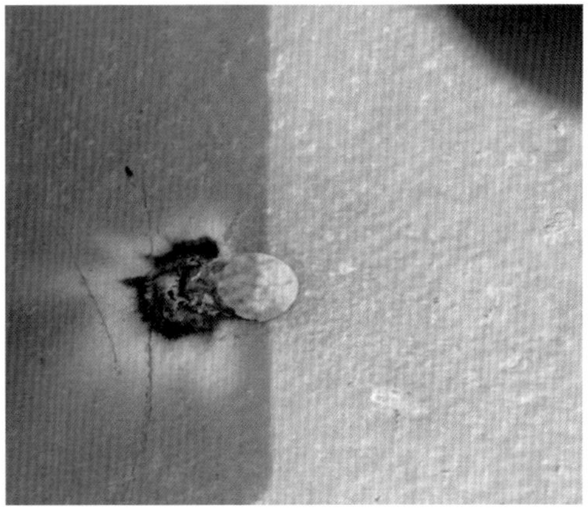 塔材螺孔烧孔
		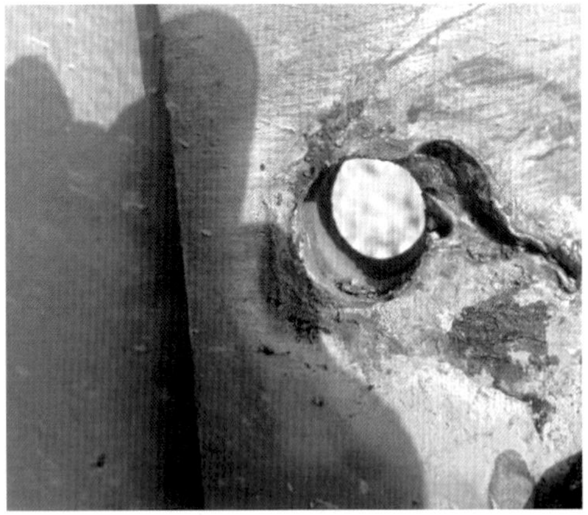 塔材螺孔扩孔	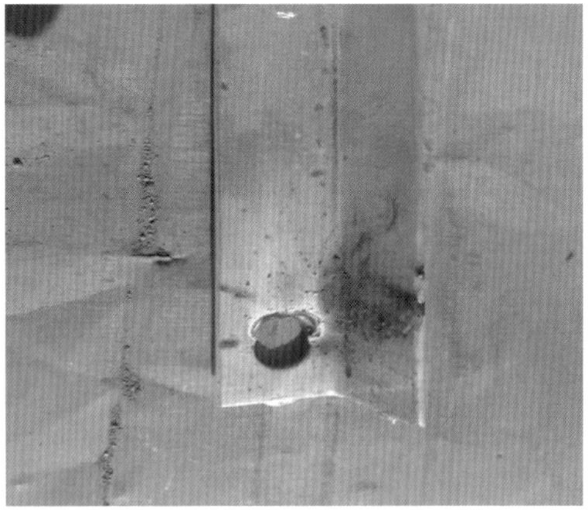 塔材螺孔扩孔

序号	标准内容及图例	典型质量问题图例	
5	 塔脚板安装后，应及时安装齐全螺母和垫片（垫板），两螺帽应靠紧。铁塔组立后，应随即拧紧螺帽并打毛丝扣（8.8 级高强度地脚螺栓不应采用螺纹打毛的防卸措施）。 依据：《国网基建部关于加强输电线路工程地脚螺栓管控的通知》（基建安质〔2017〕57 号）	 地脚螺栓未紧固	 地脚螺栓未紧固
		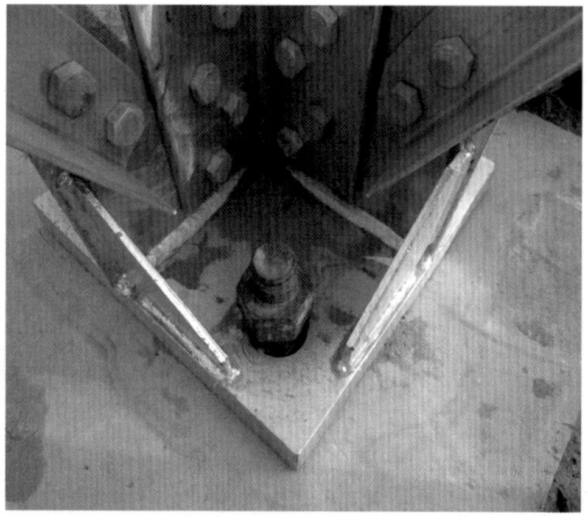 地脚螺栓未加垫片	 地脚螺栓未打毛

<table>
<tr><th>序号</th><th>标准内容及图例</th><th colspan="2">典型质量问题图例</th></tr>
<tr><td rowspan="2">6</td><td rowspan="2">
保护帽宽度不应小于距塔脚板每侧 50mm。高度应以超过地脚螺栓 50mm～100mm 为宜，并不小于 300mm，主材与靴板间的缝隙应采取密封（防水）措施。
依据：《国家电网公司输变电工程标准工艺（三）工艺标准库（2016 年版）》</td><td>
塔脚板与铁塔主材间有缝隙</td><td>
塔脚板与铁塔主材间有缝隙</td></tr>
<tr><td>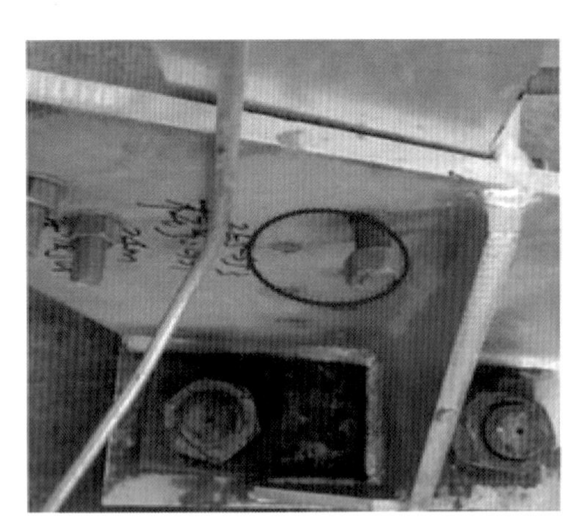
塔脚板与铁塔主材间有缝隙，且个别螺母未紧固</td><td>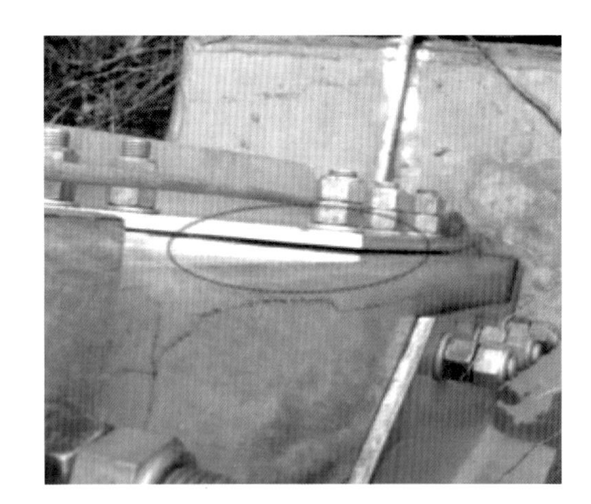
塔脚板与铁塔主材间有缝隙</td></tr>
</table>

序号	标准内容及图例	典型质量问题图例	
7	 防盗螺栓须安装到位，安装高度符合设计要求，防松帽安装齐全。 依据：DL/T 5168—2016《110kV～750kV 架空输电线路施工质量检验及评定规程》、《国家电网公司输变电工程标准工艺（三）工艺标准库（2016 年版）》	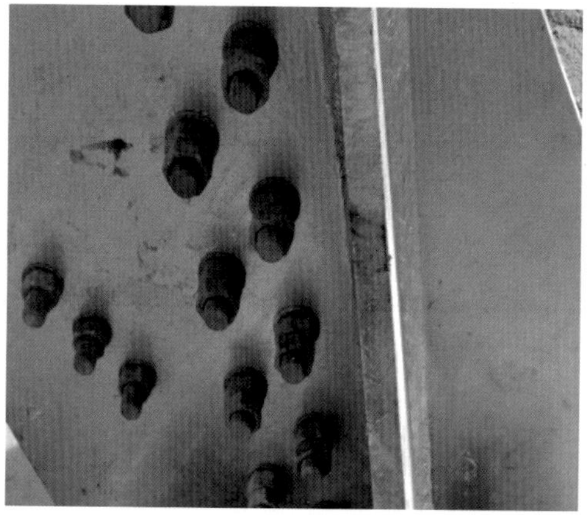 防盗螺母缺失  防盗螺母缺失	 防盗螺母缺失  防盗螺母缺失

<table>
<tr><th>序号</th><th>标准内容及图例</th><th colspan="2">典型质量问题图例</th></tr>
<tr><td rowspan="2">8</td><td rowspan="2">

基坑回填土应分层夯实，回填后坑口上应筑防沉层，其上部边宽不得小于坑口边宽。有沉降的防沉层应及时补填夯实，工程移交时回填土不应低于地面；石坑应以石子与土按 3：1 的比例掺和后回填夯实。石坑回填应密实，回填过程中石块不得相互叠加，并应将石块间缝隙用碎石或砂土充实。
依据：GB 50233—2014《110kV～750kV 架空输电线路施工及验收规范》</td><td>
基础回填土不规范，雨水易浸泡基础</td><td>
基础回填土不规范，无防沉层</td></tr>
<tr><td>
基础回填土不规范，无防沉层</td><td>
基础回填土无防沉层</td></tr>
</table>

序号	标准内容及图例	典型质量问题图例	
9	杆塔各构件的组装应牢固，交叉处有空隙时装设相应厚度的垫圈或垫板。 依据：GB 50233—2014《110kV~750kV 架空输电线路施工及验收规范》	 塔材交叉处垫圈使用超过 2 个，未使用垫块	 塔材交叉处使用垫圈未使用垫块
		 塔材交叉处垫圈使用超过 2 个，未使用垫块	 塔材交叉处无垫圈

<table>
<tr><th>序号</th><th>标准内容及图例</th><th colspan="2">典型质量问题图例</th></tr>
<tr><td rowspan="2">10</td><td rowspan="2"> 铁塔螺栓的穿入方向要求：水平方向由内向外；垂直方向由下向上；斜向者宜由斜下向斜上穿，不便时应在同一斜面内取同一方向。
依据：GB 50233—2014《110kV ~ 750kV 架空输电线路施工及验收规范》</td><td>
螺栓穿向不一致</td><td>
螺栓穿向不一致</td></tr>
<tr><td>
螺栓穿向不一致</td><td>
螺栓穿向不一致</td></tr>
</table>

<table>
<tr><th>序号</th><th>标准内容及图例</th><th colspan="2">典型质量问题图例</th></tr>
<tr><td rowspan="2">11</td><td rowspan="2"> 螺栓防松符合设计要求。
依据：DL/T 5168—2016《110kV ~ 750kV 架空输电线路施工质量检验及评定规程》</td><td> 单母螺栓未安装防松罩</td><td> 单母螺栓未安装防松罩</td></tr>
<tr><td> 单母螺栓未安装防松罩</td><td> 单母螺栓未安装防松罩</td></tr>
</table>

<table>
<tr><th>序号</th><th>标准内容及图例</th><th colspan="2">典型质量问题图例</th></tr>
<tr><td rowspan="2">12</td><td rowspan="2"> 铁塔部件规格、数量符合设计要求。
依据：DL/T 5168—2016《110kV ~ 750kV 架空输电线路施工质量检验及评定规程》</td><td> 螺栓缺失</td><td> 塔材缺失</td></tr>
<tr><td> 塔材缺失</td><td> 螺栓型号不统一</td></tr>
</table>

<table>
<tr><th>序号</th><th>标准内容及图例</th><th colspan="2">典型质量问题图例</th></tr>
<tr><td rowspan="2">13</td><td rowspan="2"> 塔材无弯曲、变形、脱锌、错孔、磨损。
依据:《国家电网公司输变电工程标准工艺（三）工艺标准库（2016 年版）》</td><td> 塔材变形</td><td> 塔材变形</td></tr>
<tr><td> 塔材变形</td><td> 塔材变形</td></tr>
</table>

<table>
<tr><th>序号</th><th>标准内容及图例</th><th colspan="2">典型质量问题图例</th></tr>
<tr><td rowspan="2">14</td><td rowspan="2">  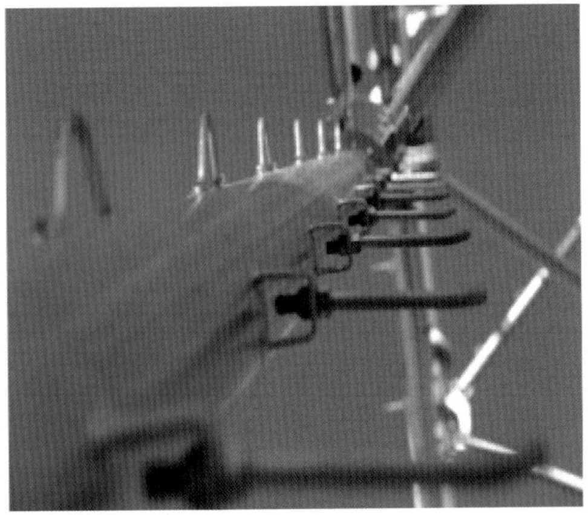杆塔脚钉安装应齐全，不得露丝，弯钩朝向应一致向上。
依据:《国家电网公司输变电工程标准工艺（三）工艺标准库（2016年版）》</td><td> 脚钉弯钩朝向错误</td><td> 脚钉侧露丝</td></tr>
<tr><td> 脚钉弯钩朝向不一致</td><td> 脚钉侧露丝</td></tr>
</table>

<table>
<tr><th>序号</th><th>标准内容及图例</th><th colspan="2">典型质量问题图例</th></tr>
<tr><td rowspan="2">15</td><td rowspan="2">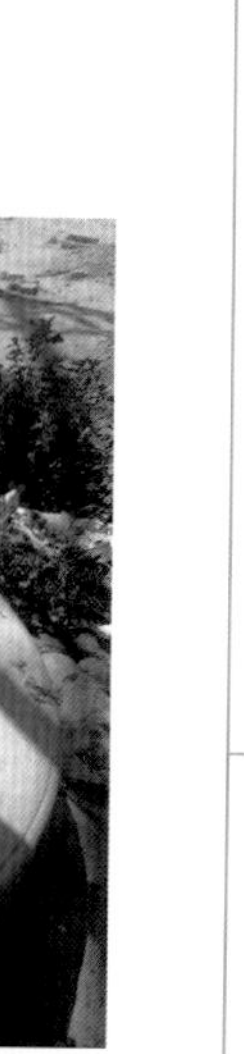
基础保护帽顶面应适度放坡，平整光洁。混凝土浆要及时清理干净，不得污染塔材。混凝土应一次浇筑成型，杜绝二次抹面、喷涂等修饰。
依据:《国家电网公司输变电工程标准工艺（三）工艺标准库（2016 年版）》</td><td>
保护帽麻面</td><td>
混凝土浆污染塔材及螺栓</td></tr>
<tr><td>
保护帽二次修饰</td><td>
保护帽未适度放坡，混凝土不平整光洁</td></tr>
</table>

<table>
<tr><th>序号</th><th>标准内容及图例</th><th colspan="2">典型质量问题图例</th></tr>
<tr><td rowspan="2">16</td><td rowspan="2">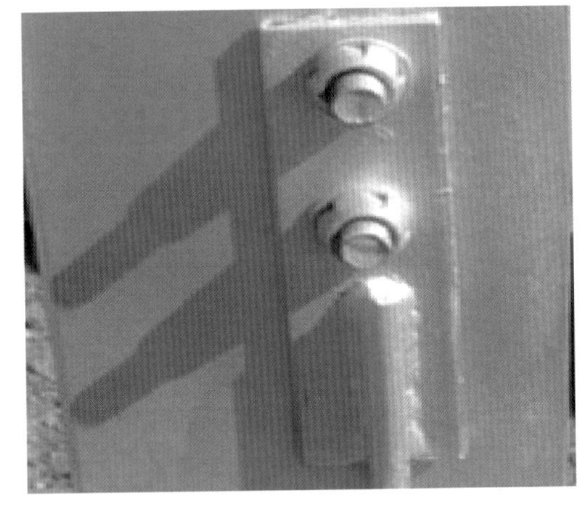
接地线与杆塔的连接应可靠且接触良好；接地螺栓安装应设防松螺母或防松垫片，宜采用可拆卸的防盗螺栓。
依据：GB 50169—2016《国家电网公司输变电工程标准工艺（三）工艺标准库（2016年版）》、《电气装置安装工程接地装置施工及验收规范》</td><td>
接地引下线螺栓未采取防松措施，接地与塔材间有缝隙</td><td>
接地引下线螺栓未采取防松措施，接地片变形</td></tr>
<tr><td>
接地引下线接地片缺少螺栓，接地片变形</td><td>
接地引下线接地片缺少螺栓，接地片螺栓未紧固</td></tr>
</table>

序号	标准内容及图例	典型质量问题图例	
17	 接地体焊接完成，应先进行除锈、清理焊渣处理，再对焊痕外100mm范围内采取可靠的防腐处理。 依据：GB 50233—2014《110kV～750kV架空输电线路施工及验收规范》、GB 50169—2016《电气装置安装工程接地装置施工及验收规范》	 接地体焊接未刷防腐漆	 接地体焊接未刷防腐漆
		 接地体焊接未刷防腐漆	 接地体搭接处未刷防腐漆

<table>
<tr><th>序号</th><th>标准内容及图例</th><th colspan="2">典型质量问题图例</th></tr>
<tr><td rowspan="2">18</td><td rowspan="2"> 铁塔的每条腿均应与接地体连接，采用焊接或液压方式连接（当采用搭接焊接时，圆钢的搭接长度不应少于其直径的6倍并双面施焊；扁钢的搭接长度不应少于其宽度的2倍并应四面施焊），地体的规格、埋深不应小于设计规定。
依据：GB 50233—2014《110kV～750kV架空输电线路施工及验收规范》</td><td> 接地体埋深不足</td><td> 接地体搭接长度不足</td></tr>
<tr><td> 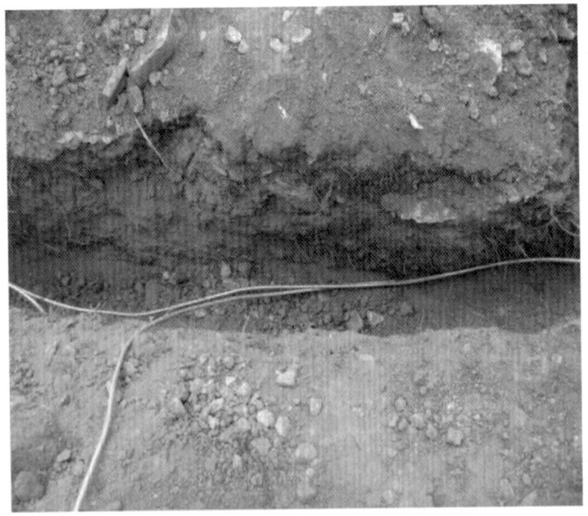接地体埋深不足</td><td> 接地体沟槽开挖深度不足</td></tr>
</table>

<table>
<tr><th>序号</th><th>标准内容及图例</th><th colspan="2">典型质量问题图例</th></tr>
<tr><td rowspan="2">19</td><td rowspan="2">  除临时接地装置外，接地装置采用钢材时均应热镀锌，水平敷设的应采用圆钢和扁钢，垂直敷设的应采用角钢、钢管或圆钢。
依据：GB 50169—2016《电气装置安装工程接地装置施工及验收规范》</td><td> 接地引下线镀锌层损伤</td><td> 接地引下线镀锌层损伤</td></tr>
<tr><td> 接地引下线搭接处焊瘤未清除</td><td> 接地体热镀锌质量差</td></tr>
</table>

序号	标准内容及图例	典型质量问题图例	
20	 悬垂线夹安装后，绝缘子串应竖直，顺线路方向与竖直位置的偏移角不应超过5°，且最大偏移值不应超过200mm。连续上（下）山坡处杆塔上的悬垂线夹的安装位置应符合设计规定。 依据：GB 50233—2014《110kV～750kV架空输电线路施工及验收规范》	 悬垂绝缘子串偏斜	 悬垂绝缘子串偏斜
		 悬垂绝缘子串偏斜	 光缆线夹倾斜

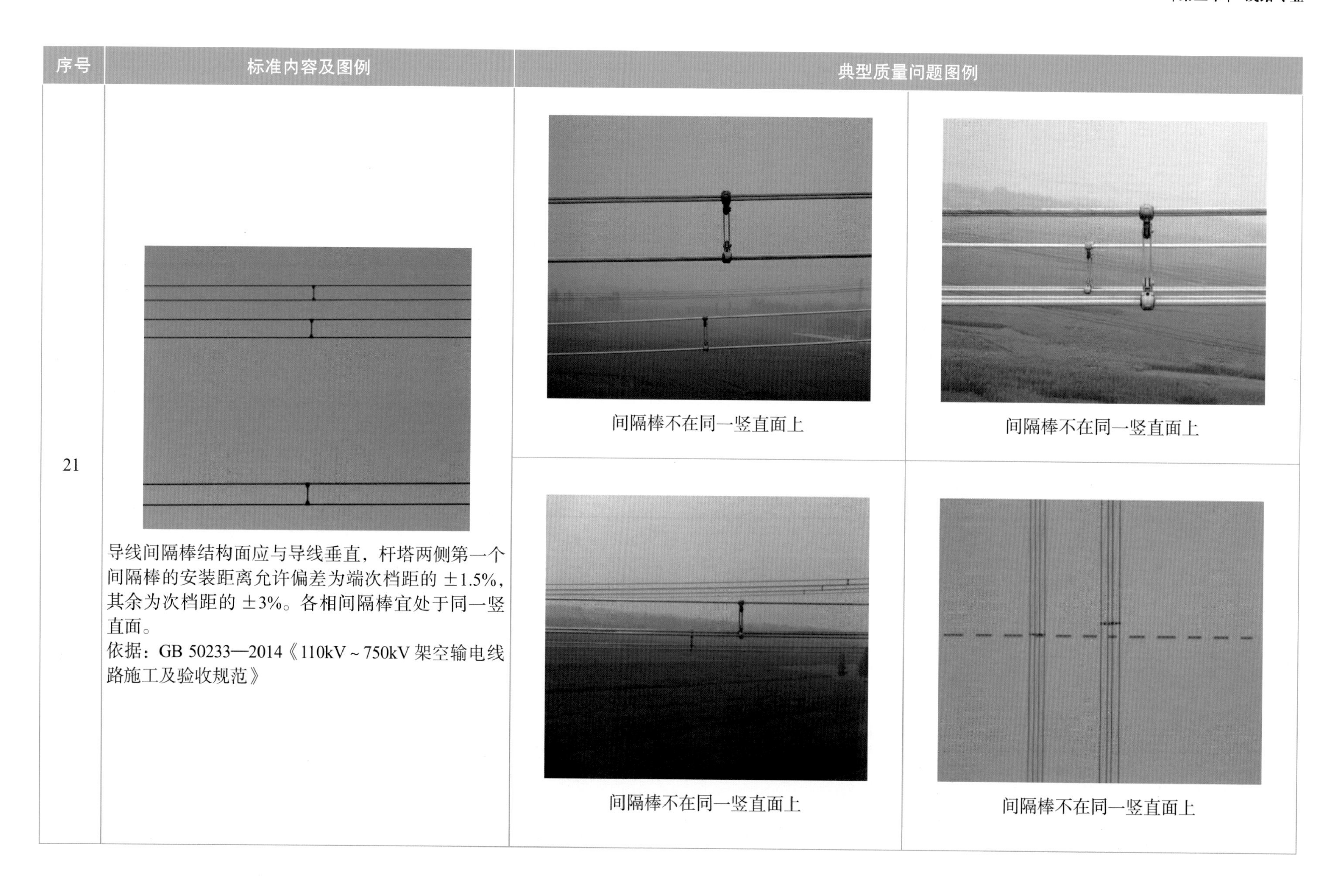

序号	标准内容及图例	典型质量问题图例	
21	导线间隔棒结构面应与导线垂直，杆塔两侧第一个间隔棒的安装距离允许偏差为端次档距的 ±1.5%，其余为次档距的 ±3%。各相间隔棒宜处于同一竖直面。 依据：GB 50233—2014《110kV～750kV 架空输电线路施工及验收规范》	间隔棒不在同一竖直面上	间隔棒不在同一竖直面上
		间隔棒不在同一竖直面上	间隔棒不在同一竖直面上

<table>
<tr><th>序号</th><th>标准内容及图例</th><th colspan="2">典型质量问题图例</th></tr>
<tr><td rowspan="2">22</td><td rowspan="2">  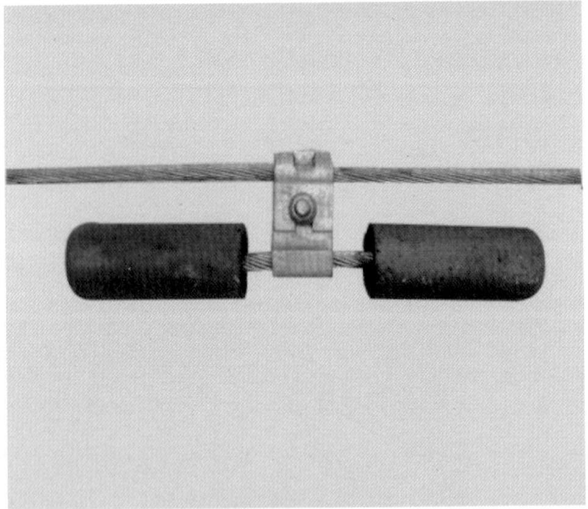防振锤及阻尼线与被连接的导线或架空地线应在同一铅垂面内，设计有要求时应按设计要求安装。其安装距离允许偏差为 ±30mm。
依据：GB 50233—2014《110kV ~ 750kV 架空输电线路施工及验收规范》</td><td> 防振锤安装歪斜</td><td> 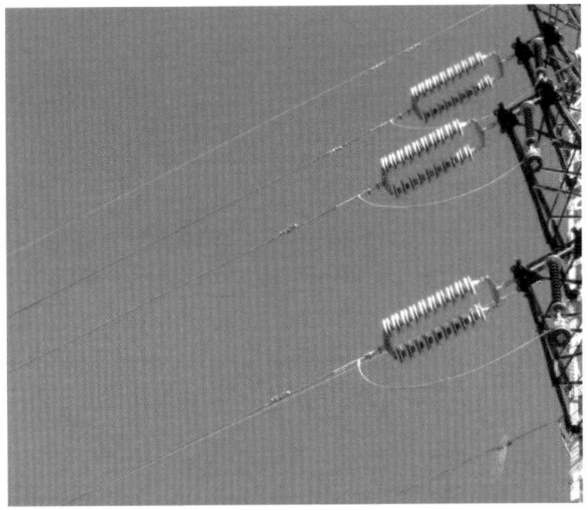防振锤安装歪斜</td></tr>
<tr><td> 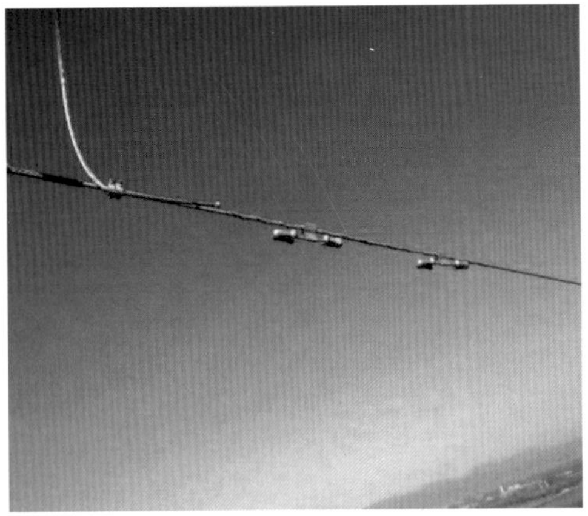防振锤倾斜</td><td> 防振锤歪斜</td></tr>
</table>

<table>
<tr><th>序号</th><th>标准内容及图例</th><th colspan="2">典型质量问题图例</th></tr>
<tr><td rowspan="2">23</td><td rowspan="2"> 压接管和线夹穿管前应去除飞边、毛刺及表面不光滑部分，用汽油、酒精等清洗剂清洗压接管和线夹内壁，清洗后短期不使用时，应将管口临时封堵并包装。
依据：DL/T 5285—2018《输变电工程架空导线“800mm² 以下”及地线液压压接工艺规程》</td><td> 压接管未清洗</td><td> 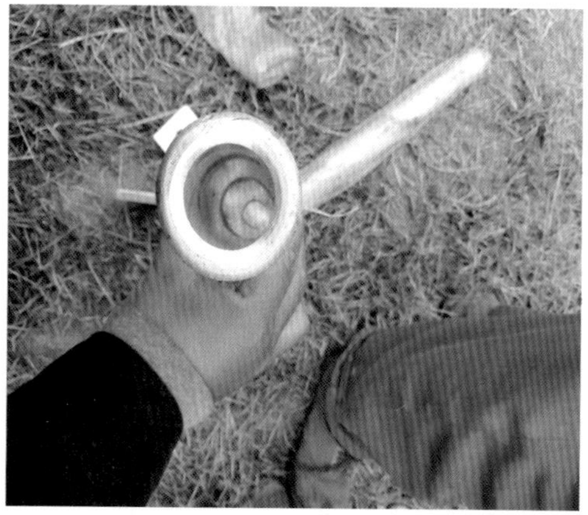铝管未清洗干净</td></tr>
<tr><td> 钢锚未清洗干净</td><td> 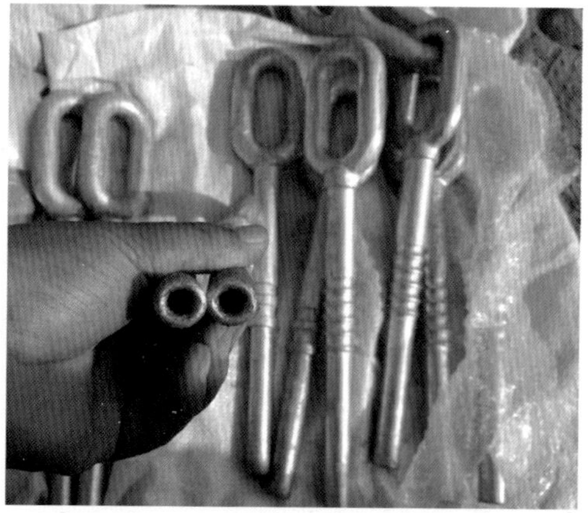钢锚未清洗</td></tr>
</table>

序号	标准内容及图例	典型质量问题图例	
24	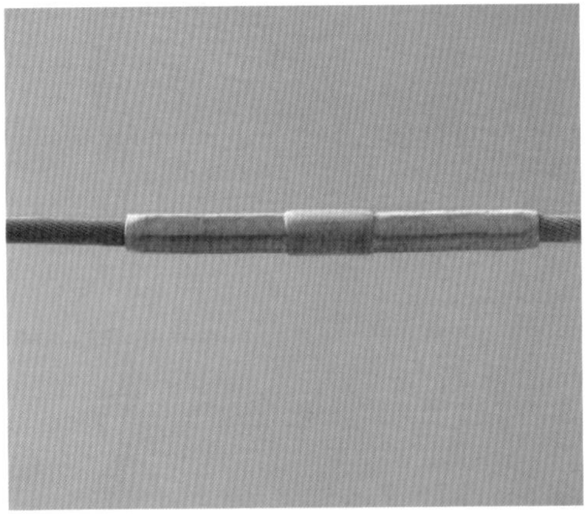  压接管表面的飞边、毛刺及未超过允许的损伤应锉平并用0#以下细砂纸磨光；压接后应平直，有明显弯曲时应校直，弯曲度不得大于2%。 依据：GB 50233—2014《110kV～750kV架空输电线路施工及验收规范》	 压接管弯曲	 压接管弯曲
		 压接管表面有飞边、毛刺	 压接管有飞边

序号	标准内容及图例	典型质量问题图例	
25	金具上的螺栓、穿钉及弹簧销子除有固定的穿向外，其余穿向应统一；金具上所用的闭口销的直径应与孔径相匹配，且弹力适度。开口销和闭口销不应有折断和裂纹等现象，当采用开口销时应对称开口，开口角度不宜小于 60°，不得用其他材料代替开口销和闭口销。 依据：GB 50233—2014《110kV ~ 750kV 架空输电线路施工及验收规范》	 金具销子穿向不一致	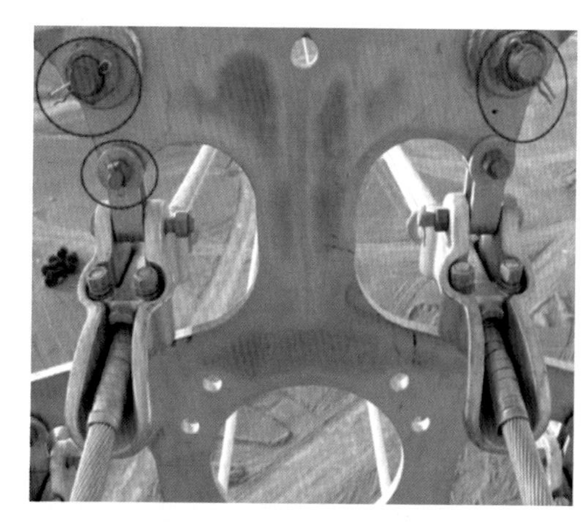 金具销子未开口
		 金具销子未开口	 金具螺母未紧固且缺少销子

<table>
<tr><th>序号</th><th>标准内容及图例</th><th colspan="2">典型质量问题图例</th></tr>
<tr><td rowspan="2">26</td><td rowspan="2"> 铝包带应缠绕紧密，缠绕方向应与外层铝股的绞制方向一致；所缠铝包带露出线夹不应超过10mm，端头应回缠绕于线夹内压住。
依据：GB 50233—2014《110kV～750kV架空输电线路施工及验收规范》</td><td> 未安装铝包带</td><td> 铝包带缠绕不紧密</td></tr>
<tr><td> 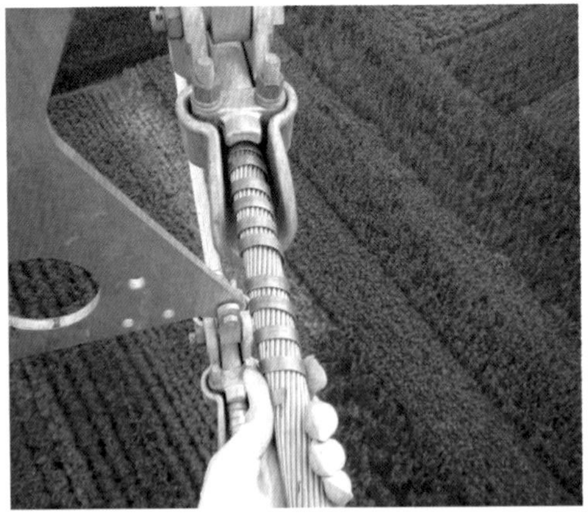铝包带缠绕不紧密</td><td> 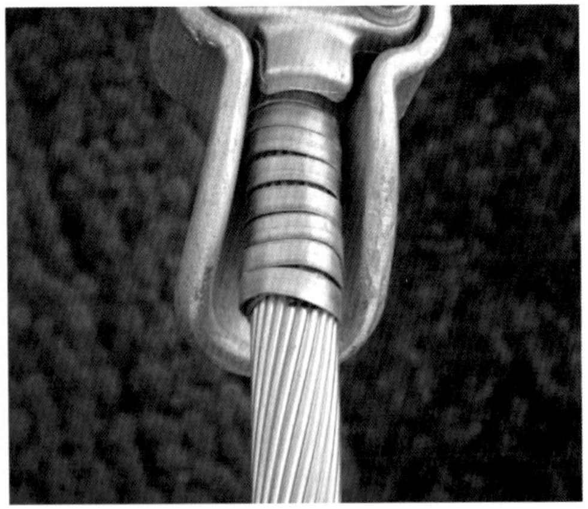铝包带缠绕不紧密</td></tr>
</table>

序号	标准内容及图例	典型质量问题图例	
27	  引下线所用夹具须固定在塔材上，其间距为 1.5m ~ 2m，保证引下线顺直、圆滑，不得有硬弯、折角；余缆紧密缠绕在余缆架上；余缆架用专用夹具固定在铁塔内侧的适当位置。 依据:《国家电网公司输变电工程标准工艺（三）工艺标准库（2016 年版）》	 余缆缠绕不紧密  光缆未使用余缆架固定	 余缆缠绕不紧密  光缆未使用余缆架固定

第四章

沟道专业

<table>
<tr><th>序号</th><th>标准内容及图例</th><th colspan="2">典型质量问题图例</th></tr>
<tr><td rowspan="2">1</td><td rowspan="2">  格栅钢架钢筋的弯制、末端的弯钩应符合设计文件要求，焊缝应符合设计文件要求，饱满且不应有焊渣、咬肉，钢筋应无锈蚀。
依据：GB/T 50299—2018《地下铁道工程施工质量验收标准》</td><td> 焊缝未满焊</td><td> 电流过大造成咬肉现象</td></tr>
<tr><td> 焊缝处焊渣未清理</td><td> 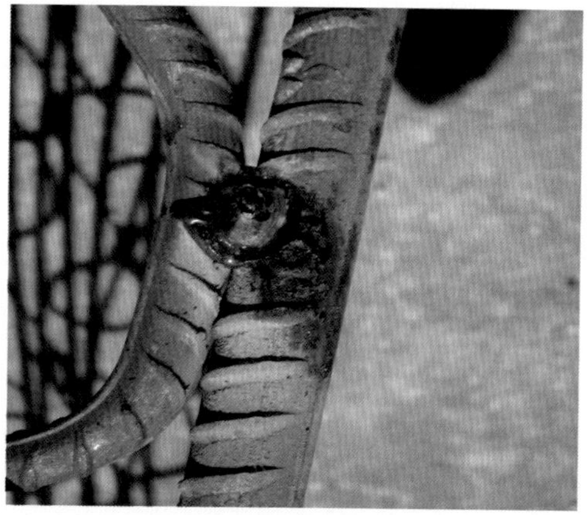焊缝处焊渣未清理</td></tr>
</table>

序号	标准内容及图例	典型质量问题图例	
2	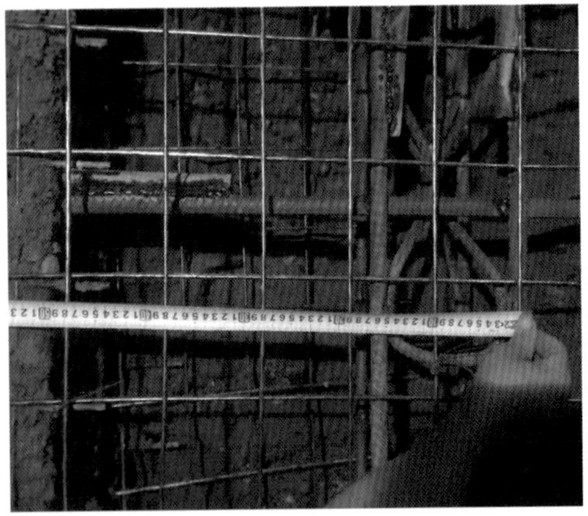 钢筋格栅与壁面必须契紧，底脚支垫稳固，相邻格栅的纵向连接必须牢固；钢筋网必须与钢筋格栅连接牢固。 依据：DB11/T 1071—2014《排水管（渠）工程施工质量检验标准》	 内网片未搭接	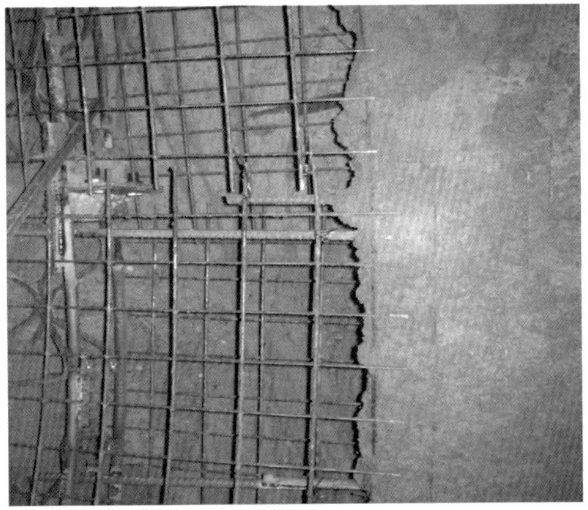 纵向连接筋未焊接
		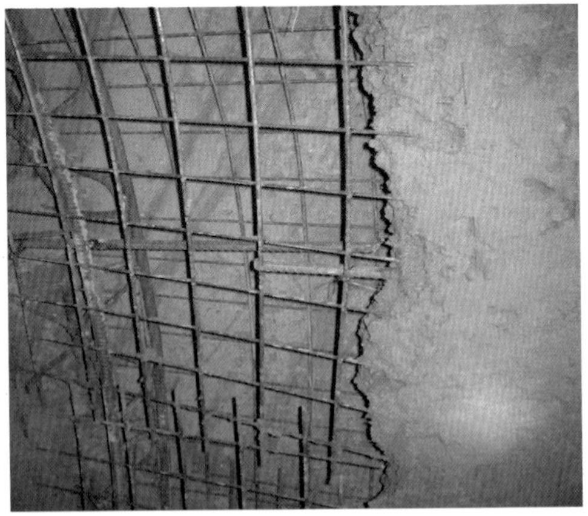 纵向连接筋未焊接	 外网片未搭接

序号	标准内容及图例	典型质量问题图例	
3	钢筋格栅部件拼装的整体结构尺寸必须符合设计要求。 依据：DB11/T 1071—2014《排水管（渠）工程施工质量检验标准》	 格栅连接板未采用螺栓固定	 格栅连接板未采用螺栓固定、未帮焊、未密贴
		 格栅连接筋搭接长度不足	 格栅连接板螺栓固定不到位

<table>
<tr><th>序号</th><th>标准内容及图例</th><th colspan="2">典型质量问题图例</th></tr>
<tr><td rowspan="2">4</td><td rowspan="2"> 喷射混凝土应密实、平整，无裂缝、脱落、漏喷、露筋；喷层平均厚度不得小于设计厚度。
依据：GB 50208—2011《地下防水工程质量验收规范》、GB/T 50299—2018《地下铁道工程施工质量验收标准》</td><td>喷射混凝土存在露筋现象</td><td> 喷射混凝土存在露筋现象</td></tr>
<tr><td> 喷射混凝土存在露筋现象</td><td> 喷射混凝土表面不平整</td></tr>
</table>

<table>
<tr><th>序号</th><th>标准内容及图例</th><th colspan="2">典型质量问题图例</th></tr>
<tr><td rowspan="2">5</td><td rowspan="2"> 卷材防水的搭接缝应粘贴或焊接牢固，密封严密，不得有扭曲、折皱、翘边和起泡等缺陷。
依据：GB 50108—2008《地下工程防水技术规范》</td><td> 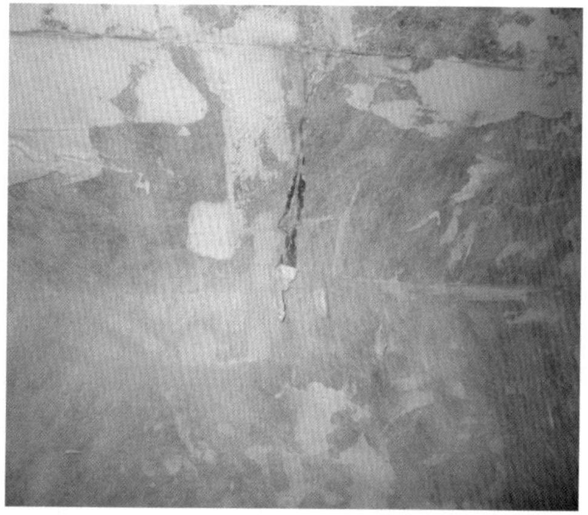隧道防水局部破损</td><td> 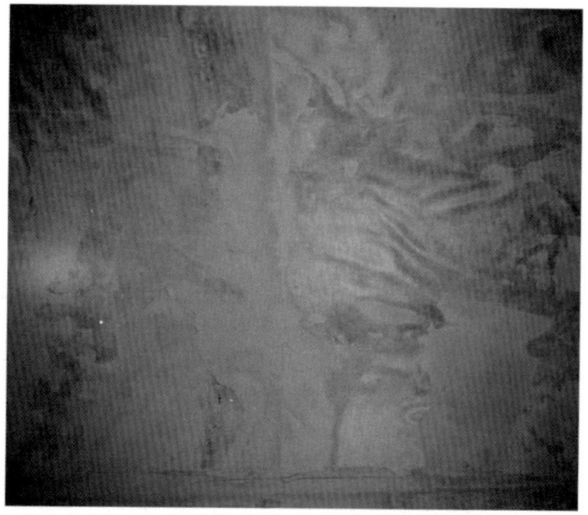隧道防水存在折皱缺陷</td></tr>
<tr><td> 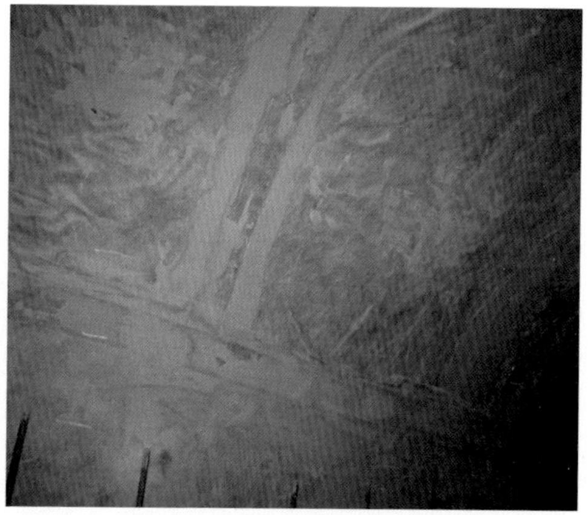隧道防水存在折皱缺陷</td><td> 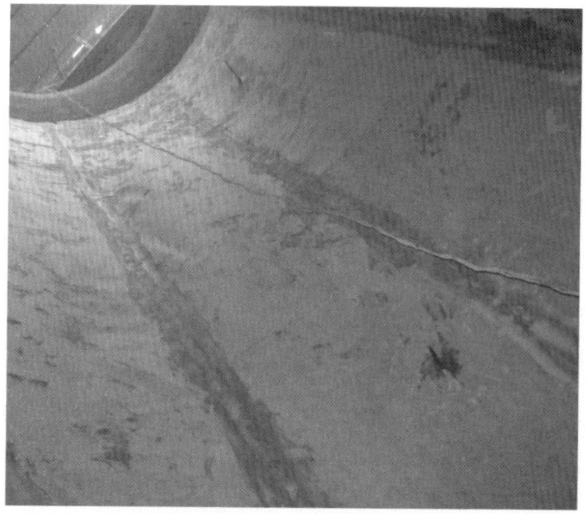隧道防水存在起泡现象</td></tr>
</table>

<table>
<tr><th>序号</th><th>标准内容及图例</th><th colspan="2">典型质量问题图例</th></tr>
<tr><td rowspan="2">6</td><td rowspan="2">
中埋式止水带及外贴式止水带埋设位置应准确，固定应牢靠。
中埋式止水带：中间空心圆环与变形缝的中心线应重合；接头宜采用热压焊接，接缝应平整、牢固，不得有裂口和脱胶现象。
外贴式止水带：应与固定止水带的基层密贴，不得出现空鼓、翘边等现象。
依据：GB 50208—2011《地下防水工程质量验收规范》</td><td>
中埋式止水带接头处理不到位</td><td>
中埋式止水带位置偏移、翘边</td></tr>
<tr><td>
中埋式止水带预留长度过长</td><td>
止水带固定方式错误，损坏止水带</td></tr>
</table>

<table>
<tr><th>序号</th><th>标准内容及图例</th><th colspan="2">典型质量问题图例</th></tr>
<tr><td rowspan="2">7</td><td rowspan="2">  结构底板、墙面、顶板表面应光洁，混凝土密实，不得有蜂窝麻面、漏筋、渗漏等。隧道变形缝应与底板垂直贯通。缝宽平直、均匀，不渗不漏。结构厚度、净空尺寸应符合设计要求，断面尺寸、混凝土结构厚度不小于设计规定。
依据：《国网北京市电力公司关于开展2019年标准工艺竞赛活动的通知》（京电建设〔2019〕68号）</td><td> 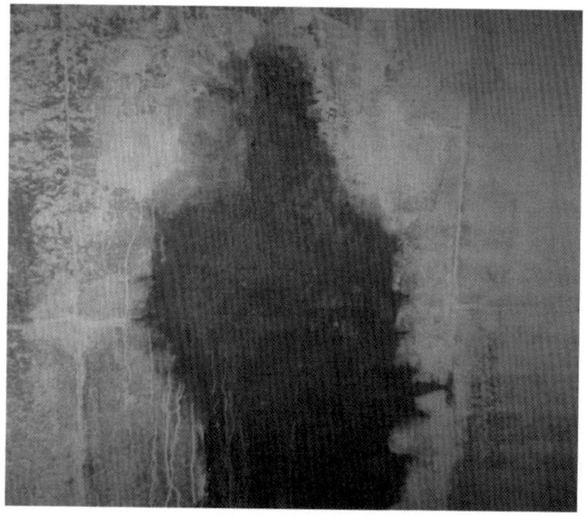结构局部渗水</td><td> 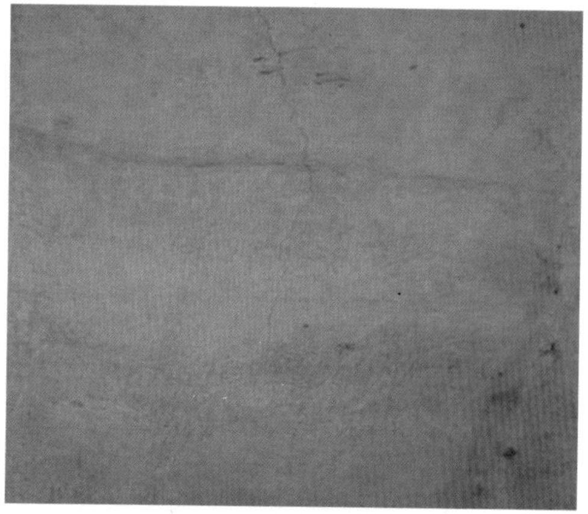混凝土结构有裂纹</td></tr>
<tr><td> 混凝土二衬墙面修补，伸缩缝未对齐</td><td> 混凝土面不光洁，有裂缝</td></tr>
</table>

<table>
<tr><th>序号</th><th>标准内容及图例</th><th colspan="2">典型质量问题图例</th></tr>
<tr><td rowspan="2">8</td><td rowspan="2">
管片拼装表面无缺棱、掉角，无贯穿和宽于0.2mm裂缝；每环相邻管片错台小于5mm，直径椭圆度<5‰D；连接螺栓质量和拧紧度符合设计要求；防水密封条粘贴牢固、位置正确，无起鼓、超长和缺口，确保拼装时密封条无拖槽、扭曲和移位现象。
依据：《国网北京市电力公司关于开展2019年标准工艺竞赛活动的通知》（京电建设〔2019〕68号）</td><td>
管片拼装破损</td><td>
管片拼装破损</td></tr>
<tr><td>
管片衬垫脱落</td><td>
管片拼装错台</td></tr>
</table>

序号	标准内容及图例	典型质量问题图例	
9	接地线焊接搭接长度为2倍扁铁宽，与支架三面焊牢，焊口处涂防锈漆。 依据：《国网北京市电力公司关于开展2019年标准工艺竞赛活动的通知》（京电建设〔2019〕68号）、GB 50169—2016《电气装置安装工程接地装置施工及验收规范》	 接地扁铁焊接工艺差	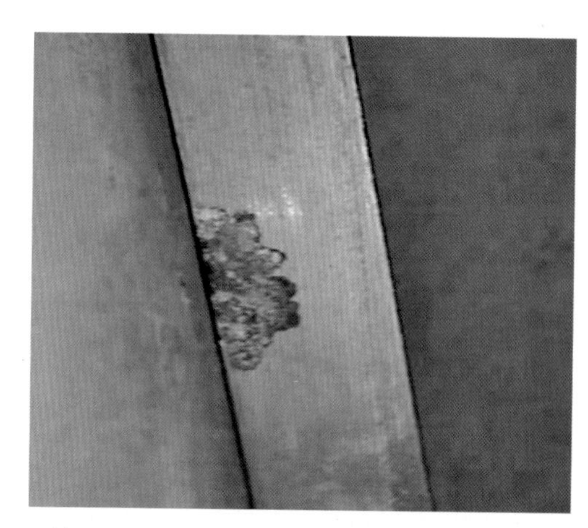 接地扁铁镀锌层脱落，防腐处理不到位
		 接地扁铁焊接工艺差，防腐处理不到位	 接地装置存在单面焊接现象

<table>
<tr><th>序号</th><th>标准内容及图例</th><th colspan="2">典型质量问题图例</th></tr>
<tr><td rowspan="2">10</td><td rowspan="2">

电缆支架应采用型钢制作，边角无毛刺，直角做圆弧处理；电缆支架应排列整齐，横平竖直，层间垂直距离满足敷设和固定要求，密贴于隧道边墙。
依据：《国网北京市电力公司关于开展2019年标准工艺竞赛活动的通知》（京电建设〔2019〕68号）</td><td>
支架脚座变形，直角未做圆弧处理</td><td>
支架焊接部位防腐处理不到位</td></tr>
<tr><td>
支架牛腿有毛刺</td><td>
支架牛腿有毛刺</td></tr>
</table>

<table>
<tr><th>序号</th><th>标准内容及图例</th><th colspan="2">典型质量问题图例</th></tr>
<tr><td rowspan="2">11</td><td rowspan="2">
基坑土方回填宜对称、均衡地进行土方回填。回填面积较大的区域，应采取分层、分块（段）回填压实的方法，各块（段）交界面应设置成斜坡形，辗迹应重叠 0.5m ~ 1m，填土施工时的分层厚度及压实遍数应符合规范要求，上、下层交界面应错开，错开距离不应小于 1m。
依据：GB 51004—2015《建筑地基基础工程施工规范》</td><td>
明开隧道单侧回填</td><td>
明开隧道单侧回填</td></tr>
<tr><td>
回填土未分层</td><td>
回填土未分层，单侧回填</td></tr>
</table>

序号	标准内容及图例	典型质量问题图例	
12	风亭外墙贴砖墙面、涂料墙面无空鼓，表面平整，色泽一致，接缝填嵌应连续，分隔缝布局合理、美观；宽出墙面的屋顶底部应设滴水槽；百叶窗应安装牢固，垂直方向应增设加强筋，防止百叶变形下垂，内部设防虫、防小动物护网。 依据：《国网北京市电力公司关于开展2019年标准工艺竞赛活动的通知》（京电建设〔2019〕68号）	 百叶窗内部未设置防尘密网	 外墙砖嵌缝不顺直
		 屋顶抹灰工艺差，未设置滴水槽	 百叶窗百叶下垂变形

第五章

电缆专业

序号	标准内容及图例	典型质量问题图例	
1	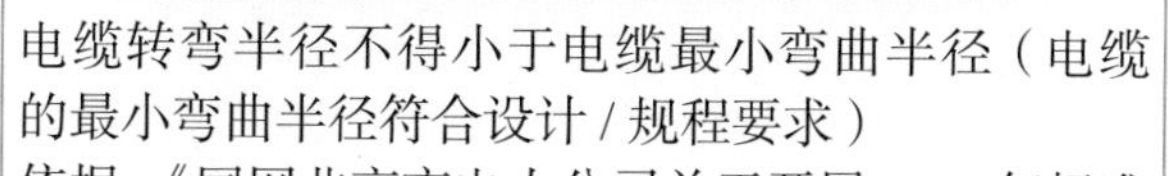 电缆转弯半径不得小于电缆最小弯曲半径（电缆的最小弯曲半径符合设计 / 规程要求） 依据:《国网北京市电力公司关于开展 2019 年标准工艺竞赛活动的通知》（京电建设〔2019〕68 号）	 电缆转弯半径不满足要求	 电缆转弯半径不满足要求
		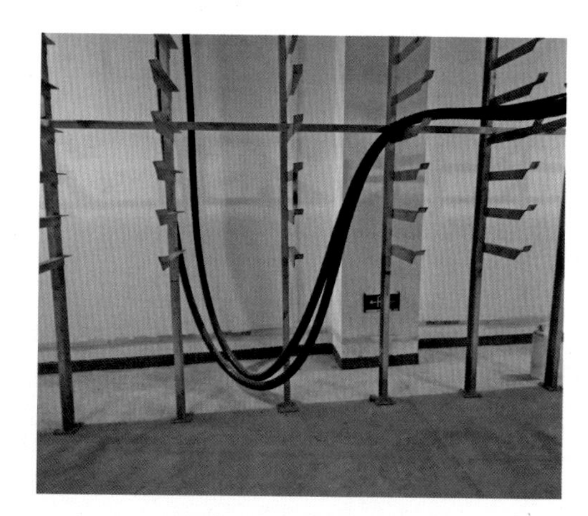 电缆转弯半径不满足要求	 电缆转弯半径不满足要求

<table>
<tr><th>序号</th><th>标准内容及图例</th><th colspan="2">典型质量问题图例</th></tr>
<tr><td rowspan="2">2</td><td rowspan="2"> 接地系统安装位置符合设计要求及现场条件；接地系统主接地电缆采用螺栓连接牢固。
依据：《国网北京市电力公司关于开展2019年标准工艺竞赛活动的通知》（京电建设〔2019〕68号）</td><td> 接地位置不规范</td><td> 接地位置不规范</td></tr>
<tr><td> 电缆接地未连接</td><td> 接地位置不规范</td></tr>
</table>

<table>
<tr><th>序号</th><th>标准内容及图例</th><th colspan="2">典型质量问题图例</th></tr>
<tr><td rowspan="2">3</td><td rowspan="2">在不宜安装电缆支架的水平敷设的电缆，每隔1.5m应对电缆进行支撑，支撑架应安装规范、美观，电缆下部距离地面高度应在100mm以上。
依据:《国网北京市电力公司关于开展2019年标准工艺竞赛活动的通知》（京电建设〔2019〕68号）</td><td>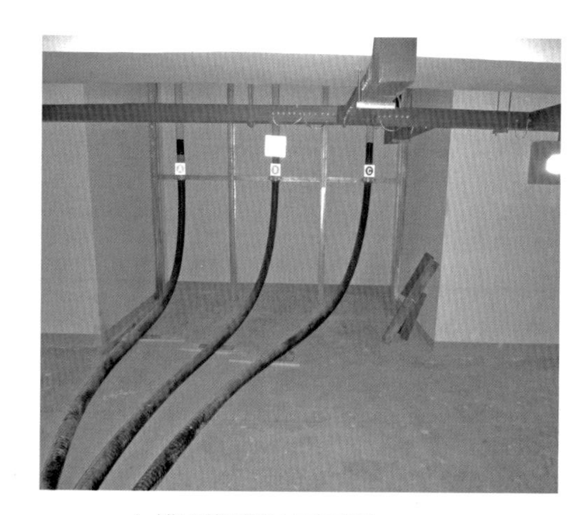
电缆下部距地面不足100mm</td><td>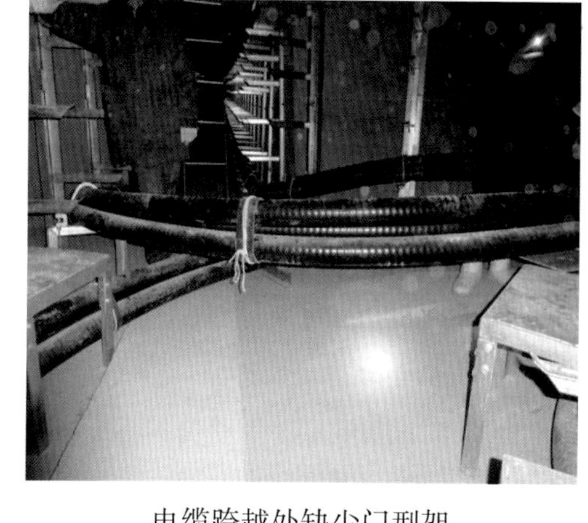
电缆跨越处缺少门型架</td></tr>
<tr><td>
电缆支撑架未安装</td><td>
电缆下部距地面不足100mm</td></tr>
</table>

<table>
<tr><th>序号</th><th>标准内容及图例</th><th colspan="2">典型质量问题图例</th></tr>
<tr><td rowspan="2">4</td><td rowspan="2">

交流单芯电缆固定金具应采用非磁性铝合金夹具隔断磁环路；电缆与夹具间要有衬垫保护；固定金具的螺栓、弹簧垫片齐全，螺栓露出螺母长度应规范。
依据：《国网北京市电力公司关于开展2019年标准工艺竞赛活动的通知》（京电建设〔2019〕68号）</td><td>
电缆抱箍固定螺栓未露扣</td><td>
支架与电缆接触面缺少保护套</td></tr>
<tr><td>
支架与电缆接触面缺少保护套</td><td>
固定金具的螺栓露丝过长</td></tr>
</table>

<table>
<tr><th>序号</th><th>标准内容及图例</th><th colspan="2">典型质量问题图例</th></tr>
<tr><td rowspan="2">5</td><td rowspan="2">

交联电缆预制式中间接头应布置在支架上；接头螺丝穿向一致，紧固力矩符合厂家要求；尾管与金属护套连接处密封应对称、密实、无渗漏；接头铜壳或尾管上必须采用专用接地端子与接地线连接；接头范围内应有明显的路名及相色标识。
依据：《国网北京市电力公司关于开展2019年标准工艺竞赛活动的通知》（京电建设〔2019〕68号）</td><td>
尾管与金属护套连接处金属裸露</td><td>
电缆接头悬空</td></tr>
<tr><td>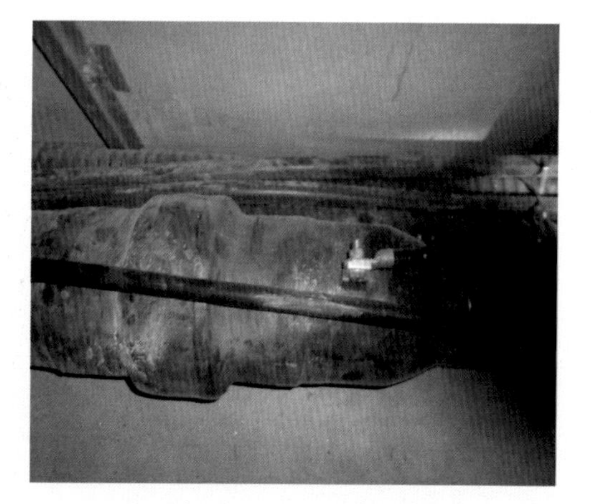
电缆中间接头未布置在支架上</td><td>

尾管与金属护套连接处金属裸露</td></tr>
</table>

序号	标准内容及图例	典型质量问题图例	
6	  电缆进出线孔外宜保持1m以上直线段以确保防水可靠；穿墙电缆孔洞应做到双面封堵。 依据：《国家电网公司输变电工程标准工艺》（工艺标准库2016年版）	 穿墙套管封堵不严	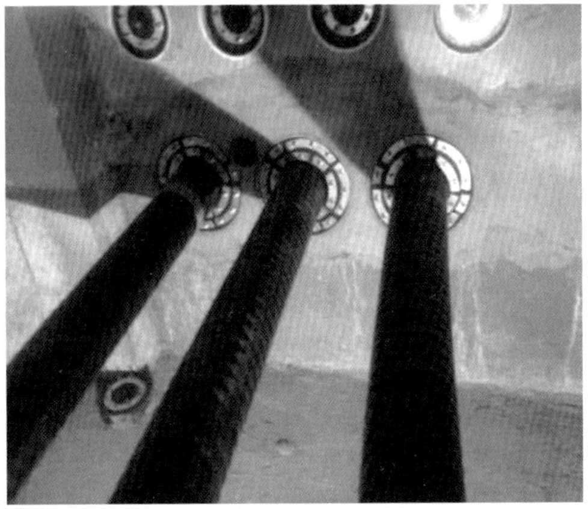 穿墙套管封堵不严
		 穿墙套管封堵不严	 穿墙电缆孔洞未做封堵